住房和城乡建设部"十四五"规划教材

高等职业教育建设工程管理类专业"十四五"数字化新形态教材

房屋建筑工程结算
编制与审核

彭　望　符果果　主　编

姚　静　刘雪芬　颜立新　副主编

刘吉勋　何新德　主　审

中国建筑工业出版社

图书在版编目（CIP）数据

房屋建筑工程结算编制与审核 / 彭望，符果果主编；
姚静，刘雪芬，颜立新副主编 . -- 北京：中国建筑工业
出版社，2024.8. --（住房和城乡建设部"十四五"规
划教材）（高等职业教育建设工程管理类专业"十四五
"数字化新形态教材）. -- ISBN 978-7-112-30182-9

Ⅰ. TU723.3

中国国家版本馆 CIP 数据核字第 2024N7A591 号

工程结算编制与审核是职业教育工程造价专业学生必须掌握的工作技能。本教材依托真实工程案例编写，完整讲解工程造价编制与审核的工作过程。教材内容按照工作岗位实际分为：房屋建筑工程结算编制概述、房屋建筑工程结算编制和房屋建筑工程结算审核。教材共包含 8 个项目：工程结算编制概述、建设工程合同、桩基工程结算编制、地下室工程结算编制、主体工程结算编制、签证单结算编制、保温工程结算审核及装饰装修工程结算审核。

本教材可作为职业教育工程造价专业及相关专业课程教材，也可作为行业从业人员的培训用书及学习参考用书。

为更好地支持相应课程的教学，我们向采用本书作为教材的教师提供教学课件，有需要者可与出版社联系，邮箱：jckj@cabp.com.cn，电话：010-58337285，建工书院 http://edu.cabplink.com（PC 端）。欢迎任课教师加入专业教学交流 QQ 群：745126886。

责任编辑：吴越恺　张　晶
责任校对：张惠雯

住房和城乡建设部"十四五"规划教材
高等职业教育建设工程管理类专业"十四五"数字化新形态教材
房屋建筑工程结算编制与审核
彭　望　符果果　主　编
姚　静　刘雪芬　颜立新　副主编
刘吉勋　何新德　主　审

*

中国建筑工业出版社出版、发行（北京海淀三里河路 9 号）
各地新华书店、建筑书店经销
北京雅盈中佳图文设计公司制版
北京圣夫亚美印刷有限公司印刷

*

开本：787 毫米 × 1092 毫米　1/16　印张：$15\frac{3}{4}$　字数：331 千字
2024 年 6 月第一版　2024 年 6 月第一次印刷
定价：**42.00** 元（赠教师课件）

ISBN 978-7-112-30182-9
（43588）

出 版 说 明

党和国家高度重视教材建设。2016年，中办国办印发了《关于加强和改进新形势下大中小学教材建设的意见》，提出要健全国家教材制度。2019年12月，教育部牵头制定了《普通高等学校教材管理办法》和《职业院校教材管理办法》，旨在全面加强党的领导，切实提高教材建设的科学化水平，打造精品教材。住房和城乡建设部历来重视土建类学科专业教材建设，从"九五"开始组织部级规划教材立项工作，经过近30年的不断建设，规划教材提升了住房和城乡建设行业教材质量和认可度，出版了一系列精品教材，有效促进了行业部门引导专业教育，推动了行业高质量发展。

为进一步加强高等教育、职业教育住房和城乡建设领域学科专业教材建设工作，提高住房和城乡建设行业人才培养质量，2020年12月，住房和城乡建设部办公厅印发《关于申报高等教育职业教育住房和城乡建设领域学科专业"十四五"规划教材的通知》（建办人函〔2020〕656号），开展了住房和城乡建设部"十四五"规划教材选题的申报工作。经过专家评审和部人事司审核，512项选题列入住房和城乡建设领域学科专业"十四五"规划教材（简称规划教材）。2021年9月，住房和城乡建设部印发了《高等教育职业教育住房和城乡建设领域学科专业"十四五"规划教材选题的通知》（建人函〔2021〕36号）。为做好"十四五"规划教材的编写、审核、出版等工作，《通知》要求：（1）规划教材的编著者应依据《住房和城乡建设领域学科专业"十四五"规划教材申请书》（简称《申请书》）中的立项目标、申报依据、工作安排及进度，按时编写出高质量的教材；（2）规划教材编著者所在单位应履行《申请书》中的学校保证计划实施的主要条件，支持编著者按计划完成书稿编写工作；（3）高等学校土建类专业课程教材与教学资源专家委员会、全国住房和城乡建设职业教育教学指导委员会、住房和城乡建设部中等职业教育专业指导委员会应做好规划教材的指导、协调和审稿等工作，保证编写质量；（4）规划教材出版单位应积极配合，做好编辑、出版、发行等工作；（5）规划教材封面和书脊应标注"住房和城乡建设部'十四五'规划教材"字样和统一标识；

（6）规划教材应在"十四五"期间完成出版，逾期不能完成的，不再作为《住房和城乡建设领域学科专业"十四五"规划教材》。

住房和城乡建设领域学科专业"十四五"规划教材的特点，一是重点以修订教育部、住房和城乡建设部"十二五""十三五"规划教材为主；二是严格按照专业标准规范要求编写，体现新发展理念；三是系列教材具有明显特点，满足不同层次和类型的学校专业教学要求；四是配备了数字资源，适应现代化教学的要求。规划教材的出版凝聚了作者、主审及编辑的心血，得到了有关院校、出版单位的大力支持，教材建设管理过程有严格保障。希望广大院校及各专业师生在选用、使用过程中，对规划教材的编写、出版质量进行反馈，以促进规划教材建设质量不断提高。

住房和城乡建设部"十四五"规划教材办公室

2021 年 11 月

前　言

　　工程结算编制与审核通常涉及多个步骤和细节，相对而言较为复杂。工程结算编制是在项目进行过程中或工程项目竣工后，按照合同约定和相关规定进行的具体编制过程，结算审核则是对结算编制过程及其结果的监督和检查，以确保结算的准确性和合规性。在开展工程结算编制与审核具体工作之前，应对所有收到的资料进行分类整理，包括合同、招投标资料、工程图纸、设计变更单、现场签证资料等内容。本教材以工程结算编制与审核过程中遇到的真实案例组织编写，全书以项目法教学为主线，主要介绍桩基础、筏板基础、剪力墙暗柱、梁、板等部位发生设计变更导致工程量变化及结算金额与投标金额发生变化最终进行结算编制的全过程以及外墙内保温和外墙面砖工程量及结算价格的审核，共计 8 个项目。目的是通过具体案例，让学生切实体会到结算过程中哪些风险由施工单位承担，哪些风险由建设单位承担，加强学生对施工图的理解，通过对基础、墙柱、梁、板构件的建模，理解绝对标高与相对标高的互换、构件之间的相互关系、工程量计算规范等内容，并引发学生积极思考；通过计价软件的运用，让学生掌握如何按照合同要求调整材料价格，计算材料价差，了解不同费用或者费率在投标阶段和结算阶段各有不同。结算审核通过现场工程量与图纸的核对，告知学生要以实际工程现场实测双方签认数据作为审核依据，突出学生工程造价职业实践能力的培养和职业素养的提高。本教材正式出版前已在湖南建筑高级技工学校校内经过 2 轮教学实践，均取得良好的教学效果。

　　本教材充分体现了职业教育基于能力本位的教育观、基于工作过程的课程观、基于行动导向的教学观及基于整体思考的评价观等职业教育新理念。本教材于 2021 年 9 月获评住房和城乡建设部"十四五"规划教材，历时四年完成编写，90% 以上内容为原创。本教材可作为职业教育工程造价专业及相关专业的课程教材，也可用作专业及相关技术人员零距离上岗的学习用书。对从事工程造价相关的工作者有学习和参考的价值。

本教材由湖南建筑高级技工学校彭望、符果果担任主编；由湖南城建职业技术学院姚静、湖南建筑高级技工学校刘雪芬、颜立新担任副主编；由湖南建筑高级技工学校刘吉勋、何新德担任主审；湖南建筑高级技工学校刘雪芬、杨元、付沛、李茗雨、樊梦婷、徐文芝、杨卓东、胡金涌、易欣参与编写。具体编写分工如下：彭望编写项目 1 和项目 5；彭望、符果果编写项目 2；颜立新、杨元、杨卓东、胡金涌、樊梦婷、易欣编写项目 4；刘雪芬编写了项目 3、项目 6；符果果、姚静、颜立新、徐文芝编写项目 7；符果果、姚静、颜立新、樊梦婷、易欣参编写项目 8；本教材除外墙面砖审核外的工程实例由企业专家胡起宏提供，胡起宏参与其提供工程实例的指导与审核；本教材配套图纸由付沛、李茗雨整理绘制。全书由彭望、颜立新负责统稿工作。

本教材在编写过程中得到了众多业内人士的大力支持和帮助，特别感谢湖南大学设计院邓铁军教授、湖南城建职业技术学院陈蓉芳教授和湖南交通职业技术学院邓文辉副教授给予的指导；保温工程部分，得到了中建恒泰建材有限公司和湖南广孚科技有限公司的技术指导，特此鸣谢！由于编者水平有限，书中难免有错误和不足之处，恳请广大读者批评指正。

编者

目　录

模块 3　房屋建筑工程结算审核

模块 1　房屋建筑工程结算编制概述

学习目标

1. 素质目标：培养学生严谨务实、诚实守信、团结协作的职业素质；树立社会主义核心价值观。

2. 知识目标：了解建筑工程结算的相关概念；掌握工程结算编制的原则、依据和相关流程；熟悉工程结算前期准备工作内容。

3. 能力目标：具备收集整理工程信息的能力，能熟练运用工程结算编制相关知识进行结算编制及相关资料整理，为具体结算做准备。

思政目标

1. 了解我国现行工程造价结算编制原则与方式，同国家经济发展、规范建筑市场秩序，促进建筑业健康有序发展的联系。

2. 牢固树立学生的社会主义核心价值观，在职业生涯中能将公正、法治、爱国、敬业、诚信等品质贯穿始终，时刻注意树立职业道德操守，在职业过程中爱岗敬业，不断提高职业道德素质。

模块概述

通过本模块的学习，学生能够：

1. 理解建筑工程结算的相关概念。

2. 理解并熟悉工程结算编制的原则、依据和相关流程。

3. 知道工程结算前应做好哪些准备；对相关资料的完整性、真实性有何要求。

项目 1

工程结算编制概述

 项目描述

1. 理解建设工程结算的相关概念。

2. 理解并熟悉工程结算编制的原则、依据和相关流程。

3. 了解工程结算前应做好哪些准备；对相关资料的完整性、真实性有何要求。

任务 1.1　工程结算简介

 任务描述

1. 了解工程结算的含义。

2. 正确理解工程结算与决算的区别。

3. 掌握我国现行主要的结算方式及施工过程结算的相关概念。

 任务实施

1.1.1　工程结算的概念

工程结算是在单位工程竣工验收合格后，将施工过程中有增减变化的部分，按照编制施工图预算的方法与规定，对原施工图预算进行相应的调整，确定工程实际投资（并作为最终结算工程价款的经济文件）的工作。

工程结算是一项系统、复杂的工作，其涵盖的专业知识广、结算内容多、需要多方责任主体互相配合，因此对结算人员的专业能力要求也极高。它要求编制人员具有一定的施工专业知识和丰富的工作经验并熟悉清单、定额、规范以及工程量的计算方法，掌握定额子项目的组成内容、费用定额的计算方法、工程造价的计算程序等。编制者只有具备以上知识和能力，才能确保竣工结算编制的准确性。

随着经济发展和社会进步，当下对工程结算审核的要求越来越严格，多次、多方面审核已成常态，这也对工程结算提出了更高的要求。在办理工程结算过程中，我们既要注意工程结算金额，更要注意结算程序的合法、合规性，避免因不符合相关规定而导致错误和返工。

1.1.2　工程结算与决算的区别

工程竣工结算和决算是建设工程估算、概算、预算、结算、决算"五算"中的最后两个环节，是建设项目实际工程造价和建设情况的综合体现，工程结算、决算涉及多方主体、较多环节与内容，是一项复杂而又系统工程。

工程结算又称工程价款结算，是施工单位按照合同规定的内容完成所承包的工程内容，并经质量验收合格，符合合同要求之后，编制工程结算书向建设单位进行工程价款结算，是施工单位向建设单位索取工程报酬的依据。

工程决算又称基本建设项目竣工财务决算，通过编制竣工决算书计算整个项目从立项到竣工验收、交付使用全过程中实际支付的全部建设费用，它反映了工程建设项目的最终造价，是正确核定新增固定资产价值、办理固定资产交付使用手续的依据，工程决算贯穿项目整个生命周期。

作为工程造价人员主要是对工程进行结算编制与审核，通过工程结算确定工程建设阶段的工程价款，包括建筑工程费、安装工程费等。竣工决算包括从筹集到竣工投产全过程的全部实际费用，即包括建筑工程费、安装工程费、设备工器具购置费、预备费以及监理费、设计费、建设单位管理费等。工程结算是施工单位向建设单位索取工程报酬的依据，反映的是项目建设阶段的工作成果；工程决算是正确核算新增固定资产价值，考核分析投资效果，反映的是综合、全面、完整的项目建设最终成果。

1.1.3　工程结算的方式

我国现行建筑安装工程费的主要结算方式按不同分类方式可分为以下几种：

（1）按价款分类：固定总价合同结算、综合单价合同结算、按实结算合同结算；

（2）按结算主体分类：总包与发包人的工程结算、总包与分包的工程结算、私人承发包的工程结算；

（3）按进度款方式分类：按月结算、按形象进度结算、施工过程结算、竣工结算。

1.1.4　施工过程价款结算和支付

施工过程结算是指在工程项目实施过程中，发承包双方依据施工合同，对约定结算周期（时间或进度节点）内完成的工程内容（包括现场签证、工程变更、索赔等）开展工程价款计算、调整、确认及支付等的活动。相比于以往的竣工结算，推行施工过程结算，可以规范施工合同管理，避免发承包双方争议，节省审计成本，从而有效解决"结算难"的问题，从源头防止农民工被拖欠工资。

为加强房屋建筑和市政基础设施工程施工合同履约和价款支付监管，进一步规范建筑市场秩序，有效解决拖欠工程款和拖欠农民工工资问题，优化营商环境，促进建筑业持续健康发展，国务院办公厅、湖南省住建厅发布了一系列相关文件推行过程结算。可见，推行施工过程结算已是大势所趋。

（1）2016年，《国务院办公厅关于全面治理拖欠农民工工资问题的意见》（国办发〔2016〕1号）中，首次明确要求"全面推行施工过程结算"。

（2）2020年1月8日，国务院常务会议提出"在工程建设领域全面推行过程结算""建立防止拖欠的长效机制"等部署要求。

湘建价〔2020〕
87号文件

（3）2020年5月28日，《湖南省住房和城乡建设厅　湖南省财政厅关于在房屋建筑和市政基础设施工程中推行施工过程结算的实施意见》（湘建价〔2020〕87号）发布，在湖南省省内房建、市政项目中全面推行施工过程结算。

（4）2020年7月，住房和城乡建设部出台《工程造价改革工作方案》，要求加强工程施工合同履约和价款支付监管，全面推行施工过程价款结算和支付，进一步规范建筑市场秩序，防止工程建设领域腐败和农民工工资拖欠。

（5）2022年，财政部、住房和城乡建设部发布《关于完善建设工程价款结算有关办法的通知》（财建〔2022〕183号）提到"当年开工、当年不能竣工的新开工项目可以推行过程结算"。

（6）2022年1月，《湖南省住房和城乡建设厅　湖南省财政厅关于在房屋建筑和市政基础设施工程中推行施工过程结算的实施意见》（湘建建〔2022〕207号）发布，决定在湖南省房屋建筑和市政基础设施工程建设中全面推行施工过程结算。

任务 1.2　工程结算编制原则、依据、流程

 任务描述

1. 了解工程结算的办理原则。

2. 正确理解工程结算的编制依据。

3. 了解工程结算的具体内容。

4. 熟悉工程结算的编制流程。

 任务实施

1.2.1 工程结算办理原则

（1）任何工程的竣工结算，必须在相关工程完工、经验收合格并具备竣工验收报告后方能进行。若为施工过程结算，需在工程相关节点验收合格，并在要求时间范围内提交完整的施工过程结算文件及相应结算资料后方能进行。对于未完成及质量不合格工程，一律不得办理竣工结算。对于竣工验收过程中提出的问题，未经整改未达到设计或合同要求，或已整改而未经重新验收认可，也不得办理竣工结算。

（2）工程竣工结算各方，应共同遵守国家相关法律、法规、政策方针和各项规定，要依法办事，防止抵触、规避法律、法规、政策方针和其他各项规定及弄虚作假的行为发生，严禁在结算过程中高估冒算、套用国家和集体资金、挪用资金和谋取私利。

（3）坚持实事求是原则，针对具体情况具体分析，从实际和事实出发处理结算过程中遇到的复杂问题。

（4）强调合同的严肃性，依据合同约定进行结算。

（5）办理竣工结算，必须依据充分，基础资料齐全。资料包括设计图纸、设计变更单、现场签证单、价格确认书、会议记录、验收报告和验收单、其他施工资料等，确保竣工结算建立在事实基础上，防止虚构事实的情况发生。

1.2.2 工程结算编制依据

（1）国家有关法律、法规、规章制度和相关的司法解释；

（2）《建设工程工程量清单计价规范》；

（3）建设工程预算定额、费用定额及价格信息、调价规定等；

（4）工程施工合同；

（5）招投标文件；

（6）施工图纸、竣工图纸；

（7）设计变更、经济签证单等其他依据。

1.2.3 工程结算的内容

结算报告包括：单位工程竣工结算书、单项工程综合结算书、项目总结算书和竣工结算报告书。在竣工结算书中应体现"量差"和"价差"。

（1）量差

量差是指原工程预算中所列工程量与实际完成的工程量不符而产生的差别。产生量差的原因有：施工过程中对施工图纸的修改，现场的零星修改及建设单位的临时委托增加任务、减少任务等引起的工作量变化。

（2）价差

价差是指原工程预算中定额或取费标准与实际不符而产生的差别。产生价差的主要因素有：材料价差、材料代用、选用定额不合理、取费计算不合理、补充单位估价表的计算调整等。

1.2.4　工程结算编制流程

编制竣工结算书、过程结算是在原预算造价的基础上，对在施工过程中的工程量差、价差引起的费用变化等进行调整，通过计算得出工程结算造价的一系列过程。结合具体实际经验，工程结算编制流程见图 1-2-1；工程结算重点工作如下：

（1）整理结算资料：对确定作为结算对象的工程项目内容进行全面清点，备齐结算依据和资料。以往，很多建设单位、施工单位由于管理不规范，常出现设计变更手续不够齐全、现场签证办理不及时等诸如此类的问题。因此工程结算前务必对资料进行清点、整理，缺失的资料及时督促施工单位补齐。

（2）整理合同条款：认真分析施工合同，重点关注施工合同及补充协议中涉及结算部分的条款，根据合同约定条款进行结算编制。以往，出现过施工单位提供的电子版合同和纸质版合同不一致的情况，建议最好要求提供签署、盖章后的纸质合同作为结算依据。

（3）竣工图纸工程量计算：在竣工结算阶段的工程量计算要严格按照施工图和施工过程的工作文件为依据进行计算，计算过程中应注意计量单位的一致性。施工图列出的工程项目必须与计量规则中规定的相应工程项目相匹配。

（4）依据合同编制计价文件：全面比对竣工图纸做法和合同清单特征描述是否一致，对于合同清单中漏项部分需要新增清单。

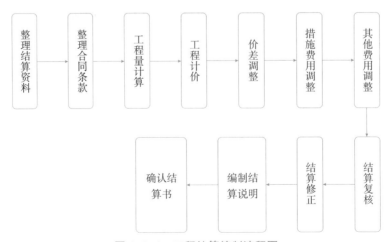

图 1-2-1　工程结算编制流程图

（5）根据调差信息进行调差：建筑材料价格受市场影响较大，材料调差前应先分析合同形式，若为固定总价合同，合同约定人材机不调差时则不能进行价格调整；若合同约定主要人材机按施工期信息价调整，则应按照要求进行价格调整。

（6）措施费用结算及调整：依据合同约定，对措施费进行调整。首先明确哪些是"包干"不可调，哪些可调。其次，对于可调的部分确认取费基数，依据要求进行调整。特别对于体量大、工期长、总价高的项目，措施费的调整应重点关注。

（7）其他费用调整：如合同中是否约定提前竣工奖及其他奖惩措施，若有约定则需按照实际情况进行费用调整；合同中若约定了总价下浮条款，结算时也应执行相应条款进行下浮。

（8）审核编制成果：为保证结算成果的完整性和准确性，在项目结算编制完成后，应对编制成果进行复核，对于过程中发现的问题及时做好记录和反馈工作，以确保后期结算审核的顺利进行。

（9）编制结算说明：内容主要为结算书的工程范围、结算内容、存在问题以及其他必须加以说明的事宜，编制说明是结算文件重要的组成部分。

（10）整理形成成果文件，并送发包人、施工单位签字认可。

任务 1.3　工程结算前期准备

任务描述

1. 了解工程结算应准备哪些资料。

2. 正确理解工程变更、工程洽商、联系单、确认单、签证单的联系与区别。

3. 掌握工程结算时"暂列金额"与"暂估价"的处理方式。

任务实施

1.3.1　结算资料准备

在开展工程结算具体工作之前，应对所有收到的结算资料进行分类整理，明确是否有遗漏的资料，确认缺失部分资料是否存在、何时能提供等信息。针对结算编制必需的资料暂时无法提供的情况，编制结算时可先按暂列数据完成计算框架建立、数据关联等工作，待后期资料完整后再调整基础数据。

　　现在项目施工大部分资料均有电子文档，为保证结算的正确性，在收到资料之后，首先应对比电子版资料与纸质版资料是否存在差异，着重核实电子版合同与纸质版合同、电子版图纸与纸质版图纸等资料。若经核实，确实存在部分资料不一致的情况，需再次确认以哪份资料为准。

　　为准确做好工程结算编制可按表 1-3-1 准备好相关资料：

工程结算资料准备　　　　　　　　　　　　　　　　表 1-3-1

序号	名称	包含内容
1	招投标资料	（1）招标文件及工程量清单 （2）其他有关招标的资料 （3）招标时的初设方案 （4）报价和技术标文件 （5）中标通知书
2	合同资料	（1）施工合同 （2）补充协议 （3）相关合同附件
3	图纸资料	（1）最终版施工图纸 （2）竣工图纸 （3）图纸会审纪要、图纸答疑纪要
4	设计变更	（1）设计变更通知 （2）设计变更图纸
5	现场签证资料	（1）工作联系单 （2）签证资料
6	施工过程相关资料	（1）会议纪要、施工日志 （2）经审定的施工组织设计或施工方案、专项施工方案 （3）工程进度表 （4）隐蔽验收资料 （5）原始地貌标高抄测记录 （6）地质勘察报告
7	相关价格资料	（1）施工单位自购材料明细表及出厂合同证书检验报告 （2）材料价及调整依据文件、证明（含材料检验文件） （3）设备价及调整依据文件、证明 （4）建设单位材料（甲供材料）明细表
8	施工委托函	施工过程中甲方下发的合同范围内的工作指令、合同外委托工作指令及台账
9	洽商	施工过程中所有洽商资料及台账
10	索赔资料	施工单位单方意向的索赔资料内容（包括现场人员窝工确认、机械窝工确认、工程顺延确认、施工单位的管理费等）及台账
11	竣工资料	（1）工程项目竣工结算申请表 （2）竣工验收表
12	其他资料	（1）开工令 （2）甲方下发的工程顺延确认单、政府或甲方下发的停工单及台账等 （3）相关的调整依据文件、证明（含材料检验文件）

1.3.2　工程变更、工程洽商、联系单、确认单、签证单的联系与区别

1. 工程变更

工程变更是对原设计图纸进行的修正、设计补充及变更，由设计单位提出并经建设单位认可后发至施工单位及其他相关单位，或由建设单位提出经设计单位签字认可，再由建设单位下发。

2. 工程洽商

在合同履行的过程中出现许多诸如施工过程中施工工艺、工期、材料、造价及其他合同涉及的内容办理的关于技术及经济洽商文件，工程洽商一般需经多方（甲方、设计方、监理方、施工方）开会商议并认可后方能生效。

3. 工程联系单

工程联系单是在工程施工过程中，涉及图纸或工作内容改变，建设方、施工方、监理方各方进行沟通联系的书面函件。甲、乙双方的联系单反映出一个工程的进展过程，是索赔等的强有力的证明材料。例如，在施工过程中，监理方、施工方向建设方提出一些合理化建议，或工作中某些需要甲方出面给予支持的协商的事项，均可通过工程联系单的形式进行沟通。

4. 工程量确认单

工程量确认单是指建设单位及监理单位对施工单位的已完成工作量（含月度、年度、阶段或全部）或由于工程变更、工程洽商所引起的工程量，经过现场实际测量而进行的确认文件。工程量确认单只是确认了工程量，费用另行计算。

5. 工程签证

工程签证是图纸以外发生的工程内容，因为没有图纸的依据，为了准确描述所发生的内容而做的签证，包括工程量确认以及附加图等。工程签证单不只是确认了工程量，还确认了费用，是鉴证确认实际发生的情况，一般需注明签证事件发生的起因、经过、处理结果，具体工程量等内容。

工程签证主要是指在施工过程中，施工企业对施工图纸、设计变更所确定的工程内容以外部分，施工图预算取费中未含有而施工中又实际发生费用的工程内容所办理的签证单。工程签证单可视为补充协议，如增加额外工作、额外费用支出的补偿、工程变更、材料替换或代用等，应具有与协议书同等的优先解释权，可以作为施工方最终决算的依据。

对于工程签证应注意以下问题：

（1）严格现场经费签证。凡涉及经济费用支出的停工、窝工、用工签证、机械台班签证等，由现场施工代表认真核实后签证，并注明原因、背景、时间、部位等。例如，由于业主或非施工单位的原因造成机械台班窝工，后者只负责租赁费或摊销费而不是机

械台班费。

（2）严格现场签证内容合理性。凡应在合同中约定的，不能以签证形式出现。例如，人工浮动工资、议价项目、材料价格，合同中未约定的，应由有关管理人员以补充协议的形式约定。凡应在施工组织方案中审批的，不能做签证处理。例如，临设的布局、塔吊台数、挖土方式、钢筋搭接方式等，应在施工组织方案中严格审查，不能随便做工程签证处理。

（3）严格签证的真实性和有效性。签证单不得添加、涂改，并需甲方、监理方签字确认。

6. 联系与区别

（1）工程变更：工程在施工过程中设计单位或业主方对会审后的图纸进行的个别修改时，业主方会发出工程变更通知单。

（2）工程洽商：在施工过程中业主方就工作内容的增减，实质影响到原合同，双方进行新的谈判就形成了工程洽商。工程洽商既可以是新合同也可以是原合同的附件。

（3）工程量确认单：施工方接受业主方提供的工程变更、工程洽商后，开始施工。施工后相应的工作量需要及时向业主单位递交工程量确认单，通常包括对已完的约定工程量的签认以及隐蔽、合同外增加部分工程量的签认。通过工程量确认，以便计量和工程款的支付。

（4）工程签证单：对于施工过程中发现、发生图纸或合同以外部位完成施工后，施工单位要以工程签证单的形式向业主方申请支付这部分增加或变动的工程款。

不管是工程变更还是工程洽商、工程量确认单、工程签证单，都是施工过程中发生的涉及造价、付款等经济问题重要证据，都会最终影响工程造价。

1.3.3　工程结算时"暂列金额"与"暂估价"的处理

在工程结算时，"暂列金额"和"暂估价"这两个相似的概念应明确区分，避免混淆，导致结算价格产生较大差异。这两项费用名称虽都有"暂时估价"之意，但在使用中却有较大的区别：

（1）概念不同

暂列金额是指招标人在工程量清单中暂定并包括在合同价款中的一笔款项，用于施工合同签订时尚未确定或者不可预见的所需材料、设备、服务的采购费用，施工中可能发生的工程变更、合同约定调整因素出现时的工程价款调整以及发生的索赔、现场签证确认等所预留的一笔费用。对此部分金额，招标人有权全部使用、部分使用或完全不使用。

暂估价是指发包人在工程量清单或预算书中提供的用于支付必然发生但暂时不能确定价格的材料、工程设备的单价、专业工程以及服务工作的金额。招投标中的暂估价是总承包招标时不能确定价格而由招标人在招标文件中暂时估算的工程、货物、服务的金额。暂估价可细分为材料暂估价和专业工程暂估价。

（2）使用方式不同

暂列金额属于工程量清单计价中其他项目费的组成部分，包括在合同价之内，但并不直接属承包人所有，而是由发包人暂定并掌握使用的一笔款项，如有剩余应归发包人所有。

暂估价作为标准不明确或者需要由专业承包人完成，暂时又无法确定具体价格时采用的一种价格表现形式。在工程结算时需通过依法招标确定最终价格，调整合同价款或在施工过程中由承包人按照合同进行采购，经发包人确认最终单价，调整合同价款。在竣工结算时暂估价通常会根据市场实际价格进行调整。

（3）发生可能性不同

暂列金额是包含在合同价里面的一笔费用，用来支付在施工过程中可能产生的、也可能不会产生的项目，具有不可预见性，可发生也可不发生。

暂估价是包含在合同中必然发生的一笔费用，只是在招标时价格暂时不能确定。

在工程施工过程中，如果暂列金额实际发生，在办理工程结算时乙方可以向甲方针对此部分费用进行结算。如果没有发生，在结算时甲方就要扣除此部分费用。对于暂估价，结算时按实际价或者甲方认定价格进行调整。

项目 2

建设工程合同

项目描述

1. 了解建设工程施工合同的内容、组成。

2. 理解并熟悉建设工程合同价款类型，熟悉不同价款类型对工程造价的影响。

任务 2.1　建设工程施工合同简介

任务描述

1. 了解建设工程施工合同主要内容。

2. 掌握建设工程施工合同文件的组成。

3. 掌握建设工程施工合同文件的优先解释顺序。

任务实施

2.1.1　建设工程施工合同内容

建设工程施工合同又称建设工程承发包合同，是指建设单位和施工单位为完成商定的施工工程，明确相互权利、义务的协定。根据工程施工合同，施工单位作为承包人，应完成合同约定的工程施工、设备安装任务；建设单位作为发包人，应提供必要的施工条件并支付工程价款。建设工程合同主要包括工程勘察、设计、施工合同；采购、融资、保险合同；监理、咨询、项目管理合同等。

建设工程施工合同根据承包商工作范围不同，可分为施工总承包合同、单项工程承包合同、单位工程承包合同、特殊专业工程承包合同、劳务分包合同。建设工程施工合同中关于工期、质量、造价的约定，是施工合同中最重要的内容：

（1）工程范围：在合同中约定的全部施工内容和工作范畴。

（2）建设工期：一般指建设项目构成固定资产的单项工程、单位工程从正式破土动工到按设计文件全部建成直至竣工验收并交付使用所需的全部时间。

（3）中间交工工程的开工和竣工时间。

（4）工程质量：一般指工程符合建设单位需要的使用功能，强调的是工程实体的质量。

（5）工程造价：工程采用不同的计算方法会对工程价款产生巨大的影响。例如，在合同签订时不能准确计算出工程价款的、按实结算的工程，在合同中需明确规定工程价款的计算原则，具体约定执行的定额、计算标准以及工程价款的审定方式等。

（6）技术资料交付时间：工程的技术资料，如勘察、设计资料等是进行建筑施工的依据和基础，发包方必须将工程的有关技术资料全面、客观、及时地交付给施工方才能保证工程的顺利进行。

（7）材料和设备的供应责任：工程建设期内所用建筑材料、设备的采购、供应、保管的责任分工。

（8）拨款和结算：施工合同中，工程价款的结算方式和付款方式因采用不同的合同形式而有所不同。在一项建筑安装工程合同中，采用何种方式进行结算，需双方根据具体情况进行协商，并在合同中约定。合同中必须约定预付款、工程进度款、竣工结算款和工程质量保证金的拨付方式。

1）竣工验收：对建设工程的验收方法、程序和标准，国家制定了相应的行政法规予以规范。

2）质量保修范围和质量保证期：在规定的期限内，因施工、材料等原因造成的工程质量缺陷，施工单位负责维修、更换。

3）相互协作条款：施工合同不仅需要当事人各自积极履行义务，还需要当事人相互协作，协助对方履行义务。例如，在施工过程中及时提交相关技术资料、通报工程情况，在完工时及时检查验收等。

2.1.2　建设工程施工合同的组成

建设工程施工合同由通用合同条款和专用合同条款两部分组成。

1. 通用合同条款

通用合同条款是以发包人委托监理人管理工程合同的模式设定合同当事人的义务和责任，区别于由发包人和承包人双方直接进行约定和操作的合同管理模式。

通用合同条款主要规定了以下内容：词语定义及合同文件；双方一般权利和义务；施工组织设计和工期；质量与检验；安全施工；合同价款与材料设备供应；工程变更；竣工验收与结算；违约、索赔和争议；其他等。

2. 专用合同条款

专用合同条款是承包人和发包人双方根据工程具体情况对通用合同条款的补充、细化。专用合同条款只为合同当事人提供合同内容的编制指南，除通用合同条款中明确专业合同条款可做出不同约定外，专用合同条款内容不得与通用合同条款规定的内容相抵触。

3. 建设工程施工合同中与工程造价有关的条款

目前签订建设工程施工合同，常采用《建设工程施工合同（示范文本）》GF-2017-0201。任何工程在施工过程中都不可避免出现设计变更、现场签证和材料价差的变化，因此在合同中必须对价款调整的范围、程序、计算依据和设计变更、现场签证、材料价款调整做出明确规定，从而减少工程结算时产生的争议。在合同条款中主要有以下条款与工程造价有关：

（1）合同价款。

（2）合同价款的调整因素：法律、行政法规和国家有关政策变化影响合同价款；工程造价管理部门公布的价格调整，例如人工费、材料费的价格调整；一周内非承包人原因停水、停电、停气造成停工累计超过 8 小时；双方约定的其他因素。

（3）合同价款的调整。

（4）工程预付款：工程是否实行预付款，取决于工程性质、承包工程量的大小及发包人在招标文件中的规定。工程实行预付款的，双方应在专用条款中约定发包人向承包人预付工程款的数额和时间，开工后按约定的时间和比例逐次扣回。

（5）工程量的确认：对承包人已完成工程量的核实确认是发包人支付工程款的前提。承包人应按专用条款约定的时间，向监理方提交已完工程量。

（6）工程款（进度款）的支付。

（7）竣工结算：承发包双方按照合同约定，进行工程竣工结算。

2.1.3　建设工程施工合同文件的优先解释顺序

组成合同的各项文件应互相解释、互为说明。除专用合同条款另有说明外，解释合同文件的优先顺序如下：

（1）合同协议书；

（2）中标通知书；

（3）投标函及投标函附件；

（4）专用合同条款；

（5）通用合同条款；

（6）技术标准和要求；

（7）图纸；

（8）已标价工程量清单；

（9）其他合同文件。

任务 2.2　建设工程施工合同

任务描述

1. 了解建设工程合同价款类型。

2. 熟悉合同具体条款。

任务实施

2.2.1　建设工程合同价款类型

建设工程合同按照不同价款类型可分为总价合同、单价合同和成本加酬金合同。

1. 总价合同

总价合同可细分为固定总价合同和可调总价合同：

（1）固定总价合同：承包商按投标时业主接受的合同价格一次包死。在合同履行过程中，如果业主没有要求变更原定的承包内容，承包商在完成承包任务后，不论实际成本如何，均应按合同获得工程款。

（2）可调总价合同：又称变动总价合同。合同价格是以图纸及规定、规范为基础，按照时价进行计算，得到包括全部工程任务和内容的暂定合同价格。在合同执行过程中，由于通货膨胀等原因使得所使用的工、料成本增加时，可以按照合同约定对合同总价进行相应调整。可调总价合同是在固定总价合同的基础上增加合同履行过程中因市场价格浮动对承包价格调整的款项。

2. 单价合同

单价合同指承包商按照工程量报价单内分项内容填报单价，以实际完成工程量乘以所报单价确定结算价款的合同。

（1）固定单价合同：合同的价格计算是以图纸及规定、规范为基础，工程任务和内容明确，业主的要求和条件清楚，合同单价一次包死，固定不变，即不再因为环境的变化和工程量的增减而变化单价的合同（综合单价由施工方负责）。

（2）可调单价合同：根据合同约定的条款，如在工程实施过程中物价发生变化等，合同签订的单价可作调整。

3. 成本加酬金合同

将工程项目的实际造价划分为直接成本和承包商完成工作后应得酬金两部分。工程实施过程中发生的直接成本费由业主实报实销，另按合同约定的方式付给承包商相应报酬。

2.2.2　桩基础施工合同

×× 小区二期桩基础施工合同

工程名称：　　×× 小区二期桩基础工程

发包人：　　×× 公司

承包人：　　×× 公司

签订日期：　　2020 年 11 月 2 日

××小区二期桩基础施工合同

甲方：×× 公司

乙方：×× 公司

根据《中华人民共和国民法典》和《中华人民共和国建筑法》及现行有关法律法规。经双方协商，甲方将 ×× 小区二期桩基础工程项目委托给乙方施工，为明确各自的职责，按时按质按量完成施工任务，双方同意签订本合同。

第1条　工程概况

1.1　工程名称：×× 小区二期桩基础工程

1.2　工程地点：×××

1.3　设计单位：×××

1.4　人工挖孔桩

工程承包范围及工程内容：

（1）人工挖孔桩成孔（不含余方弃置）、灌混凝土、钢筋笼制作安装；

（2）机械、设备的进退场。

1.5　开工日期：2020 年 11 月 5 日（以甲方通知开工日为准）；

竣工日期：2020 年 12 月 4 日，遇停电、场地因素、下大雨及不可抗拒的自然灾害，经甲方签证认可，竣工日期才能延后。

总日历天数：30 天。

1.6　质量等级：合格。

1.7　合同价款：

经协商双方同意人工挖孔桩空桩按 903 元 /m³ 计算，实桩按 1470 元 /m³ 计算。

第2条　图纸（略）

第3条

3.1　甲方提供图纸的日期是：开工前 5 天。

3.2　图纸提供的套数：贰套。

3.3　图纸的特殊保密要求及费用：无。

3.4　其他：无。

第4条　甲方责任与义务

甲方指定的履行本合同的代表：姓名：×××　　电话：××××

4.1　水、电、电讯等施工管线进入施工场地的时间、地点和供应要求：开工前 3 天将满足施工要求的用水、用电接通至围墙边线 50m 以内，满足桩机 24 小时的用电。乙方承担施工中的水、电费用，包含损耗按供电、供水部门收取的费用收取。

4.2　甲方协调施工设备的进出场道路畅通，提供能满足桩机正常施工的场地。

4.3　开工前向乙方提供地下管网线路、隐蔽物、地质资料等有关资料，并保证资料的准确和真实性。

4.4　负责协调施工场地周边关系。

4.5　对乙方运至工地的材料、构件进行检验验收，如检验不合格，甲方有权拒绝验收材料、有权令其停止使用，并限期将其运出现场。

4.6　按合同规定条款付款，协调相关单位办理工程验收。

第 5 条　乙方责任和义务

乙方指定的履行本合同的代表：姓名：××　电话：××××

5.1　严格按国家现行规范、规程及验收标准，按照合同约定的质量、材料和工期要求，全面完成本工程内容。

5.2　做好现场文明施工管理，遵守设备操作规程，对安全工作负全责。临时用水、用电设施均由乙方负责。

5.3　配合相关单位完成桩基础工程检验、检测及验收工作。乙方不得将本工程转包或未经甲方同意进行分包。

5.4　乙方必须为从事作业的员工办理意外伤害保险及其他强制性保险。

5.5　施工现场定位放线、开工前提供施工组织设计。

5.6　乙方保证场地内排水畅通，负责小范围内的场地加固。

第 6 条　工程质量等级及技术要求

6.1　甲方对工程质量的要求：本工程质量要求必须达到合格以上。

6.2　本工程以"建筑（安装）工程质量检验评定标准"评定"工程质量等级"，由长沙市建筑工程质量监督站实行质量监督，并以该"验收"为依据。

6.3　乙方必须按照施工图纸、说明和国家颁发的建筑工程规范、规程进行施工，并接受甲方管理人员、监理工程师、质检工程师监督。

6.4　乙方在施工过程中必须遵守下列规定：

6.4.1　隐蔽工程必须经甲方或有关单位检查验收签章后，方可进行下一道工序施工。

6.4.2　乙方负责施工安全，在施工中由于乙方原因发生的安全事故由乙方负责。

6.4.3　乙方在施工中和工程验收中发生的由乙方造成的质量事故，一切经济损失由乙方负责。

6.4.4　桩位轴线位移、偏差必须符合现行施工"规范"的规定，如不符合"规范"要求，所造成的损失由乙方负责。

6.5　质量评定、检测部门名称：长沙市建筑工程质量监督站、湖南省建筑工程质量检测中心。

第 7 条　工程款支付

7.1　工程款支付方式：以转账形式转到乙方指定的银行账户。

7.2　工程款支付金额和时间：

7.2.1　乙方施工完毕验收合格后 5 个工作日，支付到已完工程款的 40%；

7.2.2　第一次付款时间一年后，支付到结算价款的 70%；

7.2.3　第一次付款时间二年后，支付到结算价款的 95%；

7.2.4　城建档案馆资料备案进档后五个工作日内支付 5% 尾款。

7.3　乙方应在甲方每次付款前提供湖南省增值税（9%）专用发票。

第 8 条　竣工验收

8.1　竣工日期的确认：施工完毕、经各相关部门验收合格签字之日起。

8.2　乙方提交竣工资料和验收报告时间：施工结束后 10 天内。

8.3　乙方提交竣工图及竣工资料时间、份数：完工 10 天内提供压桩竣工图及竣工资料（一式四份）。

第 9 条　竣工结算

9.1　结算方式：人工挖孔桩按双方确认的空桩实际体积与实桩实际体积结算，孔口至设计桩顶标高为空桩，设计桩顶标高至桩底为实桩。

9.2　乙方提交结算资料时间：甲方接到该竣工结算后 20 天内，逾期未审定且无书面回复意见视同甲方认可乙方结算。

第 10 条　其他

10.1　乙方应按合同约定按期完工，如延误工期，每延期一天（按日历天）由乙方向甲方支付　　　　　　元违约金。

10.2　由于乙方的原因造成工程质量达不到合同约定的条件，乙方承担补救所产生的施工费用，如由此给甲方造成损失，乙方应予赔偿。

10.3　由于乙方原因不能继续履行合同或完成工程时，甲方有权解除协议，但承包已完成的工程甲方给予结算工程款。

10.4　由于甲方不按合同约定支付工程款时，乙方有权停工。甲方支付乙方机械停滞台班费。

10.5　工程款拨付（包括余款）未按合同规定及时拨付，甲方按规定承担延付利息。

第 11 条　纠纷解决办法

任何一方违反协议规定，经双方协商不成，可向合同签订地人民法院起诉。

第 12 条　合同生效及终止

12.1　本合同生效日期：甲、乙双方代表签字及盖章之日起生效。

12.2　合同终止日期：按竣工结算，甲方支付完工程款即告终止。

第 13 条　合同份数

13.1　合同份数：肆份，甲、乙双方各执贰份。

甲方：　　　　　　　　　　　　　　　乙方：

签约代表人：　　　　　　　　　　　　签约代表人：

电话：　　　　　　　　　　　　　　　电话：

　　年　月　日　　　　　　　　　　　　年　月　日

2.2.3　工程施工合同

湖南省建设工程施工合同
（合同文本－简要条款）

　　项目名称：××城二期住宅及地下室建安工程
　　项目地点：××市××区××路××号××街区
　　发包人：××置业有限公司
　　承包人：××施工公司

湖南省住房和城乡建设厅

制定

湖南省工商行政管理局

2020 年 12 月 ×× 日

目录

第一部分　合同协议书

发包人（全称）：××置业有限公司

承包人（全称）：××施工公司

根据《中华人民共和国民法典（合同编）》《中华人民共和国建筑法》及有关法律规定，遵循平等、自愿、公平和诚实信用的原则，双方就××城二期住宅××栋、综合楼、商业及地下室建安工程施工及有关事项协商一致，共同达成如下协议：

一、工程概况

1. 工程名称：××城二期住宅××栋、商业及地下室建安工程。

2. 工程地点：××区××路与××路交汇处。

3. 工程立项批准号：×××。

4. 资金来源：企业自筹。

5. 工程内容：××城二期住宅××栋、综合楼、商业D及地下室，剪力墙结构，建筑面积约 9.5 万 m²，地下室 1.3 万 m²；地上 30~32 层，地下室 1 层。

群体工程应附《承包人承揽工程项目一览表》（附件 1）。

6. 工程承包范围：图纸范围内的基础、主体结构、一般装修（室内）、屋面工程、外墙（包括保温）装修；给水排水、电气安装工程。安装工程发包人根据有关部门审核的（公共或专用的供水、供电）方式确认范围。详见施工图与工程量清单。

其中：①（总包管理，暂估价，不计配套费）机械土石方工程、基坑支护及锚杆、园林绿化、市政、小区道路、室外附属工程，二次装饰。

②（总包管理，暂估价，计取总包配套费 3%）桩基工程、门窗（阳台栏杆）、幕墙及商场装饰、变频供水（除设备）及成品水箱、通风空调防排烟、消防、电梯（除设备）；智能化（可视对讲、三网系统等）。

③（城市配套，不计配套费）：高压配电系统及设备安装、煤气环保工程等。

二、合同工期

计划开工日期：2020 年 12 月 1 日。

计划竣工日期：2022 年 5 月 30 日。

工期总日历天数：546 日历天。

工期总日历天数与根据前述计划开竣工日期计算的工期天数不一致的，以工期总日历天数为准。

三、质量标准

工程质量符合现行验收规范的合格工程标准。

四、签约合同价与合同价格形式

1. 签约合同价为：人民币（大写）<u>叁亿叁仟柒佰捌拾肆万贰仟肆佰捌拾壹元</u>（¥337842481 元）。

2. 合同价格形式：采用工程量清单方式单价合同，工程结算价款＝（结算工程量 × 投标综合单价＋措施费调整）×（1+增值税税率％）＋工程变更价款＋暂估价调整差额＋合同约定的价格调整。

发包人在招标书的工程量清单中未包含且无参考单价的工作内容按湘建价〔2020〕56 号文及《湖南省建设工程工程量清单计价办法》管理费费率、利润率均优惠 5% 确定综合单价。

3. 配套费按各分包单位结算金额的 3% 计取，配套内容为免费提供现有的水电接口（水电费用由分包单位自行承担）、免费提供现有的施工道路、按总包方的施工进度计划免费提供现有的垂直运输机械和外脚手架。

4. 计时工 300 元 / 工日（不含税）。

五、项目经理

承包人项目经理：×××。

六、合同文件构成

本协议书与下列文件一起构成合同文件：

（1）中标通知书（如果有）；

（2）投标函及其附录（如果有）；

（3）专用合同条款及其附件；

（4）通用合同条款；

（5）技术标准和要求；

（6）图纸；

（7）已标价工程量清单或预算书；

（8）其他合同文件。

在合同订立及履行过程中形成的与合同有关的文件均构成合同文件组成部分。

上述各项合同文件包括合同当事人就该项合同文件所作出的补充和修改，属于同一类内容的文件，应以最新签署的为准。专用合同条款及其附件须经合同当事人签字或盖章。

七、承诺

1. 发包人承诺按照法律规定履行项目审批手续、筹集工程建设资金并按照合同约定的期限和方式支付合同价款。

2. 承包人承诺按照法律规定及合同约定组织完成工程施工，确保工程质量和安全，不进行转包及违法分包，并在缺陷责任期及保修期内承担相应的工程维修责任。

3. 发包人和承包人通过招投标形式签订合同的，双方理解并承诺不再就同一工程另行签订与合同实质性内容相背离的协议。

八、词语含义

本协议书中词语含义与第二部分通用合同条款中赋予的含义相同。

九、签订时间

本合同于 ×× 年 ×× 月 ×× 日签订。

十、签订地点

本合同在湖南省长沙市 签订。

十一、补充协议

合同未尽事宜，合同当事人另行签订补充协议，补充协议是合同的组成部分。

十二、合同生效

本合同自双方签字、盖章后生效。

十三、合同份数

本合同一式 8 份，均具有同等法律效力，发包人执 3 份，承包人执 3 份，其他 2 份。

发包人：（公章）　　　　　　　　　　承包人：（公章）

法定代表人或其委托代理人：　　　　　法定代表人或其委托代理人：
（签字）　　　　　　　　　　　　　　（签字）

组织机构代码：　　　　　　　　　　　组织机构代码：
地址：　　　　　　　　　　　　　　　地址：
邮政编码：　　　　　　　　　　　　　邮政编码：
法定代表人：　　　　　　　　　　　　法定代表人：
委托代理人：　　　　　　　　　　　　委托代理人：
电话：　　　　　　　　　　　　　　　电话：
传真：　　　　　　　　　　　　　　　传真：
电子信箱：　　　　　　　　　　　　　电子信箱：
开户银行：　　　　　　　　　　　　　开户银行：
账号：　　　　　　　　　　　　　　　账号：

第二部分　通用合同条款

与《湖南省建设工程施工合同（示范文本）》通用条款一致（此处略）。一般约定如下：

（1）词语定义与解释

合同协议书、通用合同条款、专用合同条款中的下列词语具有本款所赋予的含义：

1）合同

①合同：是指根据法律规定和合同当事人约定具有约束力的文件，构成合同的文件包括合同协议书、中标通知书（如果有）、投标函及其附录（如果有）、专用合同条款及其附件、通用合同条款、技术标准和要求、图纸、已标价工程量清单或预算书以及其他合同文件。

②合同协议书：是指构成合同的由发包人和承包人共同签署的称为"合同协议书"的书面文件。

③中标通知书：是指构成合同的由发包人通知承包人中标的书面文件。

④投标函：是指构成合同的由承包人填写并签署的用于投标的称为"投标函"的文件。

⑤投标函附录：是指构成合同的附在投标函后的称为"投标函附录"的文件。

⑥技术标准和要求：是指构成合同的施工行为应当遵守的或指导施工的国家、行业或地方的技术标准和要求，以及合同约定的技术标准。

第三部分　专用合同条款（节选）

1.一般约定

1.4　标准和规范

1.4.1　适用于工程的标准规范包括：《湖南省建设工程计价办法》（湘建价〔2020〕56号，以下简称2020"计价办法"）及《湖南省房屋建筑与装饰工程消耗量标准》《湖南省安装工程消耗量标准》《湖南省市政工程消耗量标准》《湖南省仿古建筑及园林景观消耗量标准》（以下总称2020"消耗量标准"）及相应配套的文件;《湖南省建设工程造价管理总站关于机械费调整及有关问题的通知》（湘建价市〔2020〕46号）。

2.发包人

2.2　发包人代表

发包人代表：×××。

发包人对发包人代表的授权范围如下：对该工程的进度、质量、造价和安全文明全面管理和控制，并负责工程的总体及相应专业工程沟通协调。但涉及工程合同价格调整的经发包人造价部核对确认。

3. 承包人

3.2　项目经理

3.2.1　项目经理：×××。

3.5　分包

3.5.1　分包的一般约定

3.5.4　分包合同价款

关于分包合同价款支付的约定：承包人同意可代为支付，并从工程款中扣除该部分款项。

3.7　履约担保

承包人是否提供履约担保：/。

4. 监理人

4.1　监理人的一般规定

关于监理人的监理内容：见本工程监理合同相应条款。

5. 工程质量

5.1　质量要求

5.1.1　特殊质量标准和要求：合格工程标准。

关于工程奖项的约定：费用包含在合同价款内。

6. 安全文明施工与环境保护

6.1　安全文明施工

6.1.1　项目安全生产的达标目标及相应事项的约定：标化工地或标化工程。

7. 工期和进度

7.1　施工组织设计

7.1.1　合同当事人约定的施工组织设计应包括的其他内容：

工期总日历天数：546 日历天。工期总日历天数与根据前述计划开竣工日期计算的工期天数不一致的，以工期总日历天数为准。

8. 材料与设备

8.4　材料与工程设备的保管与使用

8.4.1　发包人供应的材料设备的保管费用的承担：按材料总价的 1.5% 计取保管费，甲供材料计入结算总价。

9. 试验与检验

试验与检验费用的约定：工程试验与检测费用由建设单位向委托单位支付。原材料的试验与检验费用包含在合同价款内，根据实际发生在当期工程款中扣除。

10. 变更

10.1 变更的范围

关于变更的范围的约定：由设计人提供变更后图纸和说明或通知单。

10.2 变更估价

10.2.1 变更估价原则

关于变更估价的约定：

（1）合同中有相同或类似工程项目单价的，可以参照合同中相同或类似项目的综合单价计算确定。

（2）合同中没有类似工程项目综合单价的，由承包人根据 2020"计价办法"提出适当的单价，管理费费率优惠 5% 和利润率优惠 5%（包干项目不在优惠之列）计价。

（3）工程变更计量，均依据提供变更后图纸和说明或通知单与施工图对比计算工程量。

工程变更引起的签证工程量和计价的有效结算依据：①工程变更通知等纸质依据；②现场实施图像和现场草签单或简图；③由承包人、监理人、发包人三方现场代表和发包人造价部门审核签字或复核记录；④时效性 14 天内，月底汇总表（统一编号标准格式）；⑤过期或手续不齐均视为无效的计价依据。

（4）材料价格按已标价工程量清单或预算书中载明的材料、工程设备单价。

10.3 暂估价

暂估价材料和工程设备的明细详见附件：《暂估价一览表》。

由发包人确认品牌和价格。

不属于依法必须招标的暂估价项目，由发包人按有关规定确定承包人，结算方式参照变更工程的结算方式。

10.4 暂列金额

合同当事人关于暂列金额使用的约定：按照发包人的要求使用。

11. 价格调整

11.1 市场价格波动引起的调整是否调整合同价格的约定：

因市场价格波动调整合同价格，采用以下第 2 种方式对合同价格进行调整：

第 2 种方式：采用造价信息进行价格调整。

（2）关于基准价格的约定：2020 年 11 月份《长沙建设造价》发布的材料预算价格。

（6）工程用主要材料设备（主要仅指钢筋、水泥、商品混凝土、砂石、砌块、电线电缆）施工期间参照《长沙建设造价》发布的价格 ±3% 不予调整，其他材料设备均不可调整。

第 3 种方式：其他价格调整方式：暂估价以发包人确认的价格。

12. 合同价格、计量与支付

12.1 合同价格形式

1. 单价合同

风险范围以外合同价格的调整方法：/ 。

12.2 预付款

12.2.1 预付款的支付

预付款支付比例或金额：本项目开工前预付安全防护、文明施工费50%。

12.4 工程进度款支付

12.4.1 付款周期

关于付款周期的约定：首次计量为各单项工程（各栋）主体工程完成至第5层；其余进度款按月支付。

12.4.4 进度款审核和支付

（1）单栋主体结构完成至5层时，10个工作日内，按已完工程量的70%支付进度款。

（2）5层后单栋主体结构进度款按月支付，按已完工程量的70%支付进度款。

（3）单栋主体验收合格后，按已完工程量的75%支付进度款。

（4）单栋外架落地后，按已完工程量的85%支付进度款。

（5）合同承包范围内的工程全部完工，竣工验收合格后，10个工作日内支付至合同总价款的85%。

（6）综合楼、商业部分、地下室，单独增设一个支付节点，地下室主体结构完成后，10个工作日内，按已完工程量的75%支付进度款；其余节点按住宅支付节点同比例支付。

（7）乙方提交验收二证（档案合格证、质监备案证）和完整的结算资料（以双方签收确认日期为准），3个月内双方对审完成并签字认可后1个月内支付至结算款的95%。

（8）结算价的3%作为质保金，保修期从工程竣工验收合格之日算起（以甲方出具的工程验收单为准），保修时间及办法按国家规定执行。质保金退还时间：缺陷责任期满退还全部质保金。

（9）每次支付工程款前，乙方提供满足甲方税务部门认可且金额与预付工程款金额等额的建安发票。

13. 验收和工程试车

13.6.1 竣工退场

承包人完成竣工退场的期限：50天内 。

工程竣工验收合格后50天内，承包人施工机械和施工措施设施全部撤离施工现场，临建工程拆除，逾期不拆除的发包人有权处理，费用从承包人结算款中扣除。

14. 竣工结算

14.1 竣工结算审核

发包人审批竣工付款申请单的期限：<u>90 天</u>。

15. 缺陷责任期与保修

15.1　缺陷责任期

缺陷责任期的具体期限：<u>24 个月</u>。

15.2　质量保证金

关于是否扣留质量保证金的约定：<u>竣工结算金额的 3%</u>。

15.2.1　承包人提供质量保证金的方式：质量保证金采用以下第 2 种方式：

（2）<u>3%</u>的工程款；

16. 违约

16.1　发包人违约

（2）因发包人原因未能按合同约定支付合同价款的违约责任：

①延期付款 20 天内支付（首次付款阶段除外），承包人应合理组织施工工期不顺延。超过 56 天延期支付的工程进度款，发包人按 2 倍中国人民银行同期的贷款利率向承包人支付违约金。

16.2.2　承包人违约的责任

承包人违约责任的承担方式和计算方法：

（1）工程质量不符合质量标准，应无条件返工整改达到质量标准，同时承担违约部分 5% 违约金。

17. 不可抗力

17.1　不可抗力的确认（略）。

18. 保险

18.1 工程保险

关于工程保险的特别约定：<u>按通用条款执行</u>。

20. 争议解决

20.1　仲裁或诉讼

因合同及合同有关事项发生的争议，按下列第 2 种方式解决：

（1）向仲裁委员会申请仲裁；

（2）向<u>工程所在地</u>人民法院起诉。

21. 补充条款

（2）工程备案，工程竣工验收后 60 天内，承包人应该积极配合完成项目备案工作，按有关规定提供、签署工程备案所需的原始文件（包括但不限于承包人签署的工程质量保修书、备案合格证和城建档案初验证等）。例如，承包人原因未能按期完成备案，承包人应当承担违约责任。由此原因导致产权证办理迟延导致向业主索赔，法律责任由承包人承担，发包人有权拒付工程（进度）款，并有权在未付工程款中直接扣除赔偿款。

（12）其他约定：

2）安全文明措施费：根据中华人民共和国住房和城乡建设部"关于印发《建筑工程安全防护、文明施工措施费用及使用管理规定》的通知"文件规定，按湘建建〔2010〕111号文件要求，按文件规定的支付方案支付到安全文明专用账号（该账号在四方监管协议所明确的专用账户银行开设）。

3）安全文明措施费和农民工工资保证金：发包人在主体验收后按实缴扣回；承包人（乙方）自行及时缴纳农民工工资保证金及其他应由乙方（总包人）缴纳的各项费用。

其余未约定的事项均按通用条款及相应的政策文件执行。

（以下无正文）

附件

1. 协议书附件：
附件1 承包人承揽工程项目一览表。

2. 专用合同条款附件：（此处略）
附件2 发包人供应材料设备一览表。
附件3 工程质量保修书。
附件4 主要建设工程文件目录。
附件5 承包人用于本工程施工的机械设备表。
附件6 承包人主要施工管理人员表。
附件7 分包人主要施工管理人员表。
附件8 履约担保格式。
附件9 预付款担保格式。
附件10 支付担保格式。
附件11 暂估价一览表。

附件 1

承包人承揽工程项目一览表

单位工程名称	建设规模	建筑面积/m²	结构形式	层数	生产能力	设备安装内容	合同价格/元	开工日期	竣工日期
10 号住宅		14872.83	框架 – 剪力墙	32					
综合楼		20509.57	框架 – 剪力墙	14					
商业		5652.46	框架	3					
地下室		6448.04	框架 – 剪力墙	1					
		47482.90							

2.2.3　外墙内保温施工合同

外墙内保温专业分包合同

甲方：×× 建设工程有限公司

乙方：×× 项目管理有限公司

经甲乙双方商定，甲方将 ×× 项目外墙内保温工程以包工包料形式分包给乙方施工，为保证优质、高效节约、安全生产文明施工，明确双方职责，经双方协商，签订本合同，双方共同遵守执行。

一、工程概况

1. 工程名称：×× 大厦项目部 。

2. 工程地点：长沙市 ×× 大道与 ×× 大道交汇处 。

3. 分包内容：×× 大厦项目的外墙面范围内的所有外墙内保温层工程，具体以施工设计图纸及甲方要求为准。

二、分包范围及分包方式

（一）分包范围

1. 外墙保温层工序做法按图纸及变更要求施工，具体如下：基层外墙砌体→基层打底 20mm 厚抹 1：2 水泥砂浆找平层→发泡水泥无机保温板→平铺保温板网格布→4mm 厚水泥抗裂砂浆。

2. 保温材料品牌为×××，所有材料必须经甲方、建设单位、监理单位签字认可后方可用于本工程。

3. 外墙、柱、梁、窗洞口及所有需做保温层的位置都必须按图纸总说明及设计变更要求和保温规范做法保质保量完成；外保温须做到外窗框口为界，外墙面和窗洞口须从顶层至底层挂通线校正；所有横向也须挂通线校正每个洞口及墙面，保证达到验收标准；洞口卷边内边线须用靠直条，保证内边垂直度，不影响铝合金窗框安装和幕墙工程的施工。外墙打底前的架眼，穿墙螺杆眼先按规范要求封堵到位，检查合格后，外墙底于每面墙验收合格后才能做保温层保证厚度。

4. 除甲方提供的架料、吊篮及水源、移动配电箱外等班组其他一切须用的工具设备、照明灯具、劳保用品都归乙方自备（安全帽要符合国标要求），费用已全部包含综合单价中；外墙内保温各层用的各种材料全部由乙方负责，非经甲方同意，不得作任何变更。

5. 乙方负责外墙柱梁洞口局部不平锉补到位（锤锉补整工具自备）、墙面杂物清理、外架翻架板及架板操作台补救等工作。

6. 乙方必须做好现场安全文明施工，及时做好施工现场垃圾清理，否则甲方有权另请人清理，由此发生费用全部由乙方承担。

7. 乙方负责保温材料送检、完工后现场抽样检测及所有外墙内保温节能备案；乙方必须做好与本分包工程有关的资料并及时整理归档报送甲方。

8. 做好现场临时设施、设备及交付甲方前的所有外墙内保温工程的保护工作。

9. 如施工现场局部发生设计变更，直接费在贰万元内（含贰万元）的双方不发生费用调整，超过贰万元的部分双方另行协商。

（二）分包方式

包工包料、包工期、包质量、安全、工艺、包半成品、半成品的保护、包材料检测、包资料、包备案、包维修返修、包管理、包利润、包验收、包税金。

三、工期要求

施工总工期：30 日历天。暂定开工日期：2021 年 4 月 1 日，具体开工日期以甲方的书面通知为准。乙方施工必须满足甲方施工进度的要求，已充分考虑下雨、台风、停水、停电、节假日等各种因素影响。

四、质量要求

1. 甲方要求乙方所有保温工程必须按国家规范、强制性标准、图纸及甲方的现场要求施工，且必须做到一次性工艺验收，质量必须达到优良。

2. 质量检验及验收标准：国家及行业现行相关标准与规范、施工图纸及设计变更等。

3. 造成重复施工（返工），乙方负责返工至优良，所有返工的费用和返工材料及由此所造成的经济损失由乙方负责，同时，甲方有权每处扣除乙方违约金 1000 元。

4. 如乙方出现施工质量和工期问题，返工不及时、成品保护意识不达标等，乙方须无条件退场，甲方亦有权单方面解除合同。甲方有权按本合同约定单价的 70 % 与乙方进行结算，对此，乙方无异议。

五、合同价格、结算方式及付款方式

1. 本合同暂定总金额为 1069757.28（¥：壹佰零陆万玖仟柒佰伍拾柒元贰角捌分）。

2. 本合同固定综合单价为：81 元 /m²，暂定工程量为 13206.88 m²。上述固定综合单价包括但不限于人工费、材料费、机具费、现场管理费、安全文明施工费、检测费、备案费、资料费、利润、税金、风险、维修保养费等完成本合同外墙内保温工程所需的全部费用；除本合同约定的设计变更和其他的明确约定外，甲方不对合同单价作任何调整。

序号	项目名称	计量单位	单价（含税）	增值税（税率：9%）	暂定数量	金额（元）	工作内容
1	外墙内保温 25mm 厚水泥发泡板	m²	81	7.29	13206.88	1069757.28	①墙面基层处理；②保温板铺贴（包含脚手架搭设）；③抗裂砂浆抹面；④外墙保温范围内的所有门、窗洞口四周保温收口；⑤节能检测和验收的各项费用；⑥垃圾清理下楼至统一堆放处
合计						1069757.28	

3. 合同外工程签证：计时工按 180 元 / 工日执行。

4. 结算方式：本合同结算工程量按实际施工完的尺寸结算；甲乙双方负责人对本合同外墙内保温工程结算工程量进行签字确认作为结算依据。

5. 付款方式：

①外墙内保温工程施工完成并经验收合格后 15 个工作日内，甲方向乙方支付至结算总金额的 85 %；

②待保温工程节能验收合格后 15 个工作日内，甲方向乙方支付至合同结算总金额的 97 %；

③剩余 3 % 作为质保金，待质保期满一年并扣除相应款项后无息支付。

6. 乙方提供税率为 9% 的增值税专用发票。

7. 甲方向乙方支付每一笔工程款前，乙方与甲方进行结算（未经甲方书面授权，其他任意个人、项目部、项目部印章做出的结算均无效，相应的结算结果及责任，甲方不予承担），并必须向甲方提供等额发票，并加盖乙方公司发票专用章后，甲方支付该笔款项。因发票不合法等产生的一切经济、法律责任由乙方承担。

8. 支付方式：银行转账或转账支票。

9. 如因建设方的原因，造成工程款延迟支付或甲方的其他原因，甲方可以相应延迟支付工程款（不计息），乙方同意甲方无需承担违约责任，并保证按甲方要求履行本合同项下义务。

10. 在本合同中，甲方有权从应支付给乙方的任何金额中扣除或抵销任何按合同中规定乙方有义务支付给其他分包单位的金额以及农民工工资。

六、工程保修

1. 保修期限：自竣工验收合格之日起质保 1 年。

2. 保修期内发生的维修，由甲方书面通知或电话通知，乙方必须在甲方通知后 8 小时内答复并在 24 小时内赶赴现场处理，否则，甲方可以自行或另行请第三方处理，由此而发生的费用从质量保修金中扣除。

七、双方权利与义务

（一）甲方权利义务

1. 甲方派驻的现场代表：姓名：×××；联系方式：×××；职权：负责现场管理、协调、验收、签证等工作。

2. 提供本工程完整的施工图纸及有关设计变更资料。

3. 甲方应依照图纸向乙方进行技术交底，甲方随时对工程质量等各个环节进行检查监督，如乙方工程质量及进度、安全生产和文明施工达不到要求，甲方有权责令停工或返工，直至清退乙方出工地。

4. 对乙方承担承包管理配合的职责，监督和落实乙方严格按照要求施工，发现错误与不足之处要及时指出，令其改正。

5. 甲方随时掌握乙方工程进度，并依据甲方所订分段计划和奖罚办法对乙方实行奖罚，奖罚款在对乙方进行支付时同期增加或扣除。

6. 甲方向乙方提供水电接驳点，乙方负责水电接驳点至施工现场的临水临电设施并承担相关费用，施工用水电费由甲方承担，但乙方施工用水电费超过合理范围，就超出部分向甲方支付 1 倍违约金；甲方有权直接从应付乙方工程款中扣除，无需乙方同意。

7. 组织有关部门对本工程进行验收，按照合同约定办理工程结算工作、支付合同价款。

（二）乙方权利义务

1. 乙方的项目负责人：姓名：×××；联系方式：×××；职权：负责本工程质量、进度、安全文明施工、质保期的保修及一切与之相关的工作。

2. 乙方必需按照相关技术规范要求进行施工，确保所施工工程质量，如因乙方施工原因造成工程质量不合格所导致的返工、停工所造成的材料及其他损失均全部由乙方负责。如工程竣工验收不合格，乙方应按甲方要求在规定的期限内整改至合格，并承担本合同总价 5 % 的违约金；乙方拒绝整改或整改后仍不合格的，甲方有权单方面解除本合同并追究乙方的违约赔偿责任。

3. 乙方应严格遵守现场文明施工的管理规定，施工期间保持施工作业区及所有货棚、工棚、仓库和办公室等临时设施的清洁卫生。施工过程中，乙方必须及时清除一切因其施工所致的垃圾、废弃物、剩余材料等，收集并堆放在甲方现场设置的垃圾收集点，做到工完场清。

4. 乙方必须保管好置于现场的材料设备和施工机械等，整理好放置于甲方指定地点，并须知会甲方；贵重或容易丢失的材料设备尽量存放于自建的仓库中上锁，自行负责仓库保安工作；若乙方认为必要，允许其在现场自设保安负责现场材料设备的看管。

5. 乙方应提交本工程人员组织架构报甲方审批备案，在施工过程中不得随意替换已被甲方批准的任何主要管理人员（包括乙方代表、项目经理、技术负责人、专业工程师、具有熟练资格的技术员及施工员），以及非经甲方批准而减少各工序施工和维修所需的熟练、半熟练和非技术劳动工人数量。

6. 乙方须接受及执行甲方、监理单位的与本工程有关的一切合理指令，积极配合施工，遵守现场管理规章制度。施工过程中的交叉作业各专业分包商相互协商处理，绝不允许出现推诿、扯皮的现象。为避免出现交叉作业位置各专业分包商相互推诿责任的情况，对于交叉作业位置产生的各种问题导致的经济赔偿及维修等责任，按各专业分包商各占 50 % 的方式处理，双方均有义务处理好，否则从未尽责任方扣除相关费用，双方均不得有任何异议。

7. 乙方须在工程竣工验收合格后 30 天内提交完整的竣工结算资料。

8. 乙方应当保证农民工工资的正常支付，如因乙方拖欠农民工工资导致甲方承担责任或代乙方垫付资金，甲方有权向乙方追索，并有权要求乙方按甲方实际承担责任总额（或垫付资金总额）的 30 % 承担违约责任。

9. 乙方负责人必须坚守工地、安排工作、指挥管理，带领所属员工按甲方要求和有关施工操作安全规范要求，保质、保量按进度计划要求进行施工。凡管理不善，管理失职所造成的一切损失和不良社会影响，一概由乙方承担。经甲方两次指出而未改进的，甲方有权终止协议，乙方自愿同意按本合同项下实际总价的 70 % 进行结算。

八、安全事项

1. 乙方必须建立健全的安全管理组织机构，设立安全负责人及班组兼职安全员，配合甲方做好进场及日常安全工作。

2. 乙方必须定期做好班组内安全教育，使班组人员均有很强的安全意识。

3. 乙方必须严格执行国家、地方和项目制定的安全操作规程、安全管理细则、安全管理制度及治安管理法规。

4. 由于乙方操作不当或违反操作规程等自身原因造成安全事故伤亡或造成他方人员伤亡或对项目造成损失的，由乙方承担一切责任，给甲方带来不利影响的须向甲方支付合同总金额 5 % 的违约金。因乙方原因造成安全事故致使甲方受到建设行政部门处罚的，由乙方承担全部责任。

九、违约责任

1. 合同执行过程中，如乙方在未征得甲方同意的情况下擅自更换项目负责人，经甲方审核确认，乙方应向甲方支付该项工程合同暂定总价的 5% 作为违约金。

2. 乙方不得将工程转包且未经甲方同意不得中途停工或退场，否则，甲方有权解除本合同，另行安排人员队伍进行施工，并对已完工程量按合同约定单价的 70% 进行结算。

3. 乙方未按确定样本及合同内相关材料、施工工艺、施工质量约定施工，乙方应无条件整改，并承担相应的整改费用，所造成的工期延误不顺延。

4. 乙方未按甲方／监理要求进行材料送检、测试、验收及提供合格证明，而单方面进行施工的，每发现一次，乙方应按 2000 元／次支付违约金。

5. 乙方应按照合同约定的工期节点开工、完工，由于乙方自身的原因不能按合同要求如期开工、完工，每延期 1 天，乙方应按 2000 元／天支付违约金。延期超过 30 天，甲方有权单方面解除合同，并有权要求乙方支付合同暂定总金额 10% 的违约金，且全部损失均由乙方承担。

6. 乙方未按要求提交资料或提交的相关技术资料存在不真实等瑕疵，给甲方造成损失的，应承担全部责任和损失。

7. 违约金（或罚款）经甲方代表及监理单位签字即可生效，甲方仅负责知会乙方。

8. 如乙方施工进度达不到甲方要求，或乙方因违反本合同约定、违反甲方现场施工管理经甲方两次通知后仍不处理、纠正的，甲方有权解除合同，乙方自愿同意按已实际履行合同总量的 70% 进行结算。

十、不可抗力

1. 任何一方对由于不可抗力（"不可抗力"解释按国家统一文件标准）所产生的任何结果（包括损失和延期交货）不承担违约责任。受不可抗力影响的一方应在不可抗力事故发生后尽快通知对方，并于事故发生后十四天内将事故发生地的有关当局出具的证明文件用航空信（或任何更快的方法）寄给对方审阅确认。不可抗力事件的影响持续 30 天以上，甲方有权终止合同，乙方在 15 天内全额返还甲方已付货款。

2. 因一方迟延履行本合同义务而遭受不可抗力的，不能免除迟延履行方的违约责任。

十一、争议解决

双方因履行本合同（包括但不限于有关本合同的生效、解释、履行、修改和终止）有关的一切争议、纠纷或索赔均应当首先通过友好协商解决。如果协商不成的，任何一方有权向 长沙市 ×× 区人民法院提起诉讼。

十二、其他

1. 本合同自双方签字盖章之日起生效，自双方义务履行完毕之日止自行失效。

2. 本合同一式 3 份，甲方执 2 份，乙方执 1 份，具有同等法律效力。

3. 乙方不得将本合同债权转让给第三方。

甲方	乙方
单位名称：	单位名称：
单位地址：	单位地址：
法定代表人：	法定代表人：
分包申请人：	委托代理人：
联系方式：	联系方式：
开户名称：	开户名称：
开户行：	开户行：
联行行号：	联行行号：
账号：	账号：
税号：	税号：
签署日期：　年　月　日	签署日期：　年　月　日

模块 2　房屋建筑工程结算编制

学习目标

1. 素质目标：培养学生勤学好思的学习态度；培养学生精益求精、严谨务实的工匠精神；培养学生良好的工作习惯；树立正确的人生观和价值观。

2. 知识目标：了解我国清单计价规范体系、熟悉相关建设工程消耗量定额以及建设工程计价办法的相关政策和文件。

3. 能力目标：能够正确识读工程施工图、竣工图及签证单；能熟练运用广联达等相关软件进行工程量计量与计价，完成最终工程结算编制。

思政目标

1. 在进行工程量清单编制、工程结算时，严格遵照我国当前清单计价规范体系和地方建设工程计价办法的相关文件和政策，树立坚持标准、行为规范、定额和相关政策文件计量与计价的理念。

2. 教导学生在工程结算过程中严格按照规范要求保留小数，确保计算结果的准确性；培养学生严谨细致、精益求精的工作精神。

3. 在进行工程结算时，严格按照现场实际资料进行编制，严禁伪造相关数据和资料，一味追求提高结算价格，时刻遵守诚实守信、公平公正的工作原则。

模块概述

通过本模块的学习，学生能够：

1. 熟悉并掌握人工挖孔桩结算编制方法及流程；

2. 熟悉并掌握地下室部分结算编制方法及流程；

3. 熟悉并掌握主体工程结算编制方法及流程；

4. 熟悉并掌握签证部分结算编制方法及流程。

项目 3
桩基工程结算编制

 思维导图

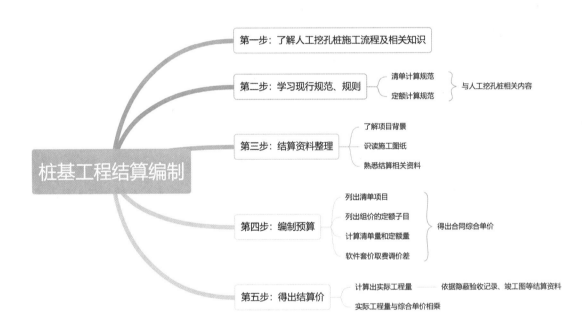

桩基工程结算编制

第一步：了解人工挖孔桩施工流程及相关知识

第二步：学习现行规范、规则 —— 清单计算规范 / 定额计算规范 —— 与人工挖孔桩相关内容

第三步：结算资料整理 —— 了解项目背景 / 识读施工图纸 / 熟悉结算相关资料

第四步：编制预算 —— 列出清单项目 / 列出组价的定额子目 / 计算清单量和定额量 / 软件套价取费调价差 —— 得出合同综合单价

第五步：得出结算价 —— 计算出实际工程量 —— 依据隐蔽验收记录、竣工图等结算资料 / 实际工程量与综合单价相乘

项目描述

本项目主要介绍了在"全费用综合单价合同"的背景下如何编制人工挖孔桩竣工结算，并详细阐述了合同中"全费用综合单价"的确定过程。为了减少结算编制与审核人员的工作量，同时避免结算时出现太多争议问题，目前在实际工程中的桩基础多采用这种"全费用综合单价"结算方式。通过本项目的学习，学生能够：

1. 分析图纸的相关内容，了解相关工程量计算规则，准确计算人工挖孔桩工程量；

2. 明确人工挖孔桩施工流程，列出工程量清单项目并进行定额组价，从而确定合同价格；

3. 依据资料，完成人工挖孔桩桩基工程结算编制。

知识储备

1. 人工挖孔桩基础简介

建筑物的基础是建筑结构的组成部分，其作用就是承受建筑物上部结构传下来的荷载，并将它们连同结构自重一同传给地基。当下建筑物常用的基础类型有：独立基础、条形基础、筏板基础、箱形基础、桩基础等。当浅层土质不良时，为满足建筑物对地基变形以及承载力要求常采用桩基础作为建筑结构的基础类型。桩基础一般由设置在土层中的桩以及承接上部结构的承台共同组成，桩身组成材料可为钢筋混凝土、钢材、木材以及组合材料，其中钢筋混凝土材料最为常见。人工挖孔灌注桩是指桩孔采用人工挖掘的方式成孔，然后安放钢筋笼，浇筑混凝土而成的桩。

2. 人工挖孔桩常见的施工流程

（1）放线、定位：按设计图纸放线、定桩位。

（2）开挖桩孔土方：采取分段开挖，每段开挖高度取决于土壁保持直立状态而不塌方的能力，一般取 0.5~1m 为一施工段。开挖范围为设计桩径加护壁的厚度。扩底部分采取先挖桩身圆柱体，再按扩底尺寸从上到下削土修成扩底形。

（3）测量控制：桩位轴线采取在地面设十字控制网、基准点。

（4）支设护壁模板：模板高度取决于开挖土方施工段的高度，一般为 1m，由 4~8 块活动钢模板组合而成，支成有锥度的内模。

（5）放置操作平台：内模支设后，吊放操作平台入桩孔内，用以放置料具和浇筑混凝土。

（6）浇筑护壁混凝土：上下段护壁要进行错位咬口连接。

（7）拆除模板继续下段施工：当护壁混凝土达到一定强度以后，可拆除模板，开挖下段土方，再浇筑护壁混凝土，依次往复循环直至开挖至要求的深度。

（8）排除孔底积水，浇筑桩身混凝土：当桩孔挖至要求深度后，检查孔底土质是否已达到承载要求，再进行孔底扩大头开挖。当桩孔全部成形后，进行孔底清理，抽出孔底积水，下放桩身钢筋笼并浇筑桩身混凝土。

（9）凿桩头：凿除设计标高以上的混凝土护壁和桩头。

人工挖孔桩施工
流程简介

3. 人工挖孔桩的清单项目及其工程量计算规则见表 3-0-1（摘自《房屋建筑与装饰工程工程量计算规范》GB 50854—2013）：

人工挖孔桩清单项目

表 3-0-1

项目编码	项目名称	项目特征	计量单位	工程量计算规则	工作内容
010302003	干作业成孔灌注桩	1. 地层情况 2. 空桩长度、桩长 3. 桩径 4. 扩孔直径、高度 5. 成孔方法 6. 混凝土种类、强度等级	1. m 2. m³ 3. 根	1. 以米计量，按设计图示尺寸以桩长（包括桩尖）计算 2. 以立方米计量，按不同截面在桩上范围内以体积计算 3. 以根计量，按设计图示数量计算	1. 成孔、扩孔 2. 混凝土制作、运输、灌注、振捣、养护
010302004	挖孔桩土（石）方	1. 地层情况 2. 挖孔深度 3. 弃土（石）运距	m³	按设计图示尺寸（含护壁）截面积乘以挖孔深度以立方米计算	1. 排地表水 2. 挖土、凿石 3. 基底钎探 4. 运输
010302005	人工挖孔灌注桩	1. 桩芯长度 2. 桩芯直径、扩底直径、扩底高度 3. 护壁厚度、高度 4. 护壁混凝土种类、强度等级 5. 桩芯混凝土种类、强度等级	1. m³ 2. 根	1. 以立方米计量，按桩芯混凝土体积计算 2. 以根计量，按设计图示数量计算	1. 护壁制作 2. 混凝土制作、运输、灌注、振捣、养护
010301004	截（凿）桩头	1. 桩类型 2. 桩头截面、高度 3. 混凝土强度等级 4. 有无钢筋	1. m³ 2. 根	1. 以立方米计量，按设计桩截面乘以桩头长度以体积计算 2. 以根计量，按设计图示数量计算	1. 截（切割）桩头 2. 凿平 3. 废料外运

4. 人工挖孔桩的定额子目及其工程量计算规则见表 3-0-2、表 3-0-3（摘自《湖南省房屋建筑与装饰工程消耗量标准（2020 版）》）：

挖孔桩土（石）方

表 3-0-2

工作内容：1. 挖土，弃土于孔口外 5m 以内，修整边底。
2. 井口护栏、桩孔内安全架子及通风、照明。

计量单位：10m³

编号				A3-54	A3-55	A3-56	A3-57	A3-58	A3-59
项目				人工挖孔桩土方					
				桩径 ≤ 1000mm		桩径 > 1000mm			
				孔深 ≤ 15m	孔深 >15m	孔深 ≤ 15m	孔深 ≤ 20m	孔深 ≤ 25m	孔深 >25m
基价（元）				**2203.79**	**2622.79**	**2096.29**	**2033.67**	**2426.29**	**2897.92**
其中	人工费			2133.75	2552.75	2026.25	1963.63	2356.25	2827.88
	材料费			70.04	70.04	70.04	70.04	70.04	70.04
	机械费			—	—	—	—	—	—
	名称	单位	单价	数 量					
材料	照明及安全费	元	1.00	68.000	68.000	68.000	68.000	68.000	68.000
	其他材料费	元	1.00	2.040	2.040	2.040	2.040	2.040	2.040

人工挖孔灌注桩　　　　　　　　　　　　　　表 3-0-3

工作内容：1. 成型钢模板安装、拆除、整理堆放及场内运输，清理模板粘结物及模内杂物、刷隔离剂等。
　　　　　2. 调运砂浆、砌砖。
　　　　　3. 灌桩、养护护壁混凝土。
　　　　　4. 灌注桩芯混凝土。

计量单位：见表

编号			A3-64	A3-65	A3-66	A3-67
项目			护壁			桩芯
			模板	砖护壁	现浇混凝土	混凝土
单位			10m²	10m³		
基价（元）			**390.22**	**6619.14**	**6267.95**	**6315.18**
其中	人工费		375.88	2231.00	472.50	378.00
	材料费		10.32	4325.99	5795.45	5795.45
	机械费		4.02	62.15	—	141.73
	名称	单位	单价	数量		
材料	组合钢模板	kg	6.91	1.450	—	—	—
	标准砖 240×115×53	m³	395.54	—	9.025	—	—
	商品混凝土（砾石）C25	m³	552.65	—	—	10.150	10.150
	水泥 42.5 水泥砂浆 M10	m³	306.25	—	2.040	—	—
	水	t	4.39	—	1.250	3.930	3.930
	其他材料费	元	1.00	0.301	126.000	168.800	168.800
机械	汽车式起重机 8t	台班	964.18	—	—	—	0.147
	载重汽车 6t	台班	501.88	0.008	—	—	—
	灰浆搅拌机 200L	台班	182.80	—	0.340	—	—

5. 人工挖孔灌注桩

（1）人工挖孔桩挖孔工程量分别按进入土层、岩层的成孔长度乘以设计护壁外围截面积，以体积计算。

（2）人工挖孔桩混凝土护壁模板工程量，按现浇混凝土护壁与模板的实际接触面积计算。现浇（预制）混凝土、砖护壁工程量按设计图示尺寸，以体积计算（表 3-0-4）。

（3）桩芯混凝土按（设计桩长度 + 超灌长度）乘以桩外径（不含护壁）截面积以体积计算，若设计未明确超灌长度的，桩的超灌长度按 0.25m 计算。

6. 凿桩头，灌注桩按设计超灌长度、预制方（管）桩按凿除实长，乘以桩身设计截面积，以体积计算。

截桩、凿桩头　　　　　　　　　　　　　表 3-0-4

工作内容： 1. 定位、切割、桩头运至 50m 内堆放。

　　　　　　2. 桩头混凝土凿除、钢筋截断。

计量单位：见表

编号			A3-86	A3-87	A3-88
项目			预制钢筋混凝土桩截桩		凿桩头
			方桩	管桩	
单位			根		m³
基价（元）			**56.04**	**41.20**	**377.74**
其中	人工费		24.18	19.66	320.00
	材料费		18.23	12.32	—
	机械费		13.63	9.22	57.74
	名称	单位	单价	数量	
材料	石料切割锯片	片	35.40	0.500	0.338	—
	其他材料费	元	1.00	0.531	0.359	—
机械	内切割机	台班	58.01	0.235	0.159	—
	手持式风动凿岩机	台班	12.23	—	—	0.838
	电动空气压缩机 1m³/min	台班	56.67	—	—	0.838

任务 3.1　项目背景及结算相关资料整理

任务描述

通过本任务的学习，学生能够：

1. 了解本工程项目背景；

2. 熟悉本项目施工合同、设计变更单、图纸、招标工程量清单等相关资料。

任务实施

3.1.1　项目背景

某房地产开发公司将其开发楼盘的人工挖孔桩委托给某桩基施工公司施工。其中 10 号栋的人工挖孔桩共计 56 根，桩号从 97~152 号。施工合同为全费用综合单价合同，全费用综合单价是根据地勘资料（暂定空桩长度 2m，实桩长度 18m）和施工图确定；桩基结算依据施工合同、施工图以及隐蔽验收记录编制。

3.1.2　相关资料

1. 施工合同

工程施工合同详见本教材 2.2.2 桩基础施工合同部分。

2. 施工图等资料

桩基础施工图见图 3-1-1；人工挖孔桩验收记录见表 3-1-1 ~ 表 3-1-3；地勘资料见图 3-1-2。

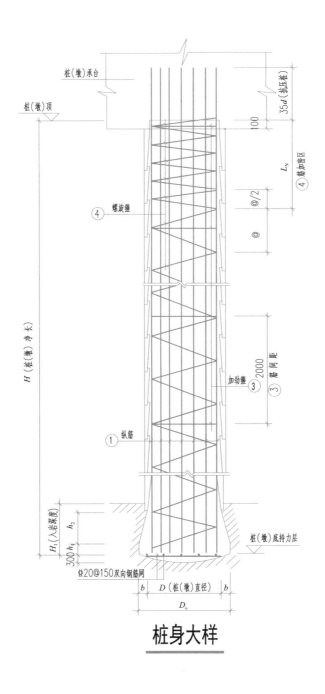

桩身大样

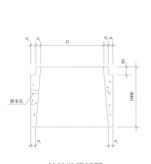

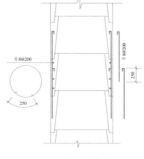

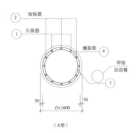

桩护壁模板图　　　　　　　桩护壁配筋图　　　　　　　桩截面型式

桩编号	单桩抗压承载力特征值（kN）	桩截面型式	桩尺寸		护壁厚度	桩端扩大头尺寸				桩配筋				混凝土强度等级
			D	H		D_o	b	h_1	h_2	① 纵筋	③ 加劲箍	④ 螺旋箍	L_n	
										a_1	a_2			
ZJ1	5500		1200	现场确认	100	75	2000	400	200	1000	19⏀14	12@2000	10@100/200	3600	C35
ZJ2	4500		1000	现场确认	100	75	1800	400	200	1000	16⏀14	12@2000	10@100/200	3600	C35

人工挖孔桩（墩）设计说明

1. 一般说明

1.1 本工程相对标高 ±0.000 相当于绝对标高详建施。

1.2 人工挖孔灌注桩（墩）设计依据：
《建筑桩基技术规范》JGJ 94—2008；
《建筑地基基础设计规范》GB 50007—2011；
《建筑基桩检测技术规范》JGJ 106—2014；
《大直径扩底灌注桩技术规程》JGJ/T 225—2010；
场地岩土工程勘察报告：《×× 有限公司 ×× 城二期岩土工程详细勘察报告》长沙 ×× 设计研究院 2016 年 11 月。

1.3 本工程独立地下室及商业 D 地基础设计等级为丙级，其余各栋住宅塔楼地基基础设计等级为甲级。

1.4 桩（墩）身质量及承载力的检测按《建筑基桩检测技术规范》JGJ 106—2014 执行。

1.5 人工挖孔桩桩端持力层为强风化板岩层，桩端极限阻力标准值 4000kPa；有效桩长 6~20m；桩（墩）身入强风化板岩深度不小于 1m 和 0.8d，当岩面起伏较大时，应保证全断面入岩深度不小于上述数值。

1.6 本工程桩基应先挖试桩，根据试桩报告或深层平板载荷试验报告最终确定设计参数。

2. 混凝土

2.1 桩（墩）护壁混凝土强度等级为 C35；桩（墩）身混凝土强度等级为 C35。

2.2 场地地下水对混凝土结构无微腐蚀性，对混凝土结构中钢筋具微腐蚀性，对钢结构具微腐蚀性。

2.3 桩（墩）身纵筋混凝土保护层厚度为 50mm。

3. 钢筋

3.1 钢筋连接区段长度：绑扎搭接时为 $1.3l_l$；机械连接时为 35d；焊接接头时为 35d，且 ≥ 500。位于同一连接区段长度内，纵向受力钢筋接头面积百分率不大于 50%。

3.2 桩、墩身箍筋应采用螺旋箍筋，直径 ≥ 10 时采用焊接连接，直径 <10 时采用绑扎搭接。

3.3 环形加劲箍应采用焊接连接。

4. 施工要求

4.1 现场实际地质情况与地勘报告或设计图纸不相符时应及时通知设计方，得到设计确认文件后，方可继续施工。

4.2 相邻桩中心间距 <2.0D 净距（D 为相邻桩扩孔直径的大者），或相邻桩之间施工净距 <4.0m 时，应采用跳挖间隔施工，即桩、墩身混凝土浇捣达到设计强度后，方可进行相邻桩、墩的挖孔作业。

4.3 相邻桩、墩的桩、墩端持力层的标高相差较大时，应跳挖间隔施工，并先施工较长桩。

4.4 相邻桩、墩的桩、墩底高差值不应大于相邻桩、墩扩大头之间的净距，不满足时应调整较浅桩、墩底的深度。

4.5 挖孔穿过淤泥层、流砂层及软弱土层时，护壁每节的高度应减小为 300~500mm。

4.6 桩、墩身及扩大头在强风化岩及以上土层中应做护壁；入中风化岩后的桩、墩身及扩大头部分是否做护壁，应根据施工现场情况再确定。

4.7 严禁在孔内边抽水边开挖，严禁开挖时灌注相邻较近桩、墩的混凝土；孔内集水未排净前，不得灌注混凝土。

4.8 施工工艺、安全措施和技术措施应执行国家和地方有关规定。

5. 其他

5.1 人工挖孔前，由场地详勘单位书面确认桩孔内降水的可行性和人工开挖的深度，应避免大量抽排地下水导致邻近场地地坪塌陷，影响邻近建筑物及市政道路的安全使用。施工单位应在邻近场地设置沉降观测点，并制定防范应对措施。

5.2 人工挖孔桩终孔时，应进行桩端土层检验。单柱单桩的大直径嵌岩桩，应根据岩性检验桩底下 3d 或 5m 深度范围内有无空洞、破碎带、软弱夹层等不良地质情况。

5.3 人工挖孔墩终孔时，应进行墩端持力层的检验。

5.4 基桩施工完后的机械挖土时，应在桩位处插标志杆，严禁铲钩碰撞基桩。

5.5 人工挖孔桩桩底沉渣厚度不应大于 40mm。

5.6 桩顶混凝土超浇高度不小于 500mm，实际高度施工单位也可根据经验确定。

5.7 桩基检测：人工挖孔灌注桩检测应符合《建筑基桩检测技术规程》JGJ 106—2014 的规定，建议检测数量如下：单桩竖向承载力特征值用静载法检测，抽检 1%，且不应小于 3 根。桩身完整性用低应变法检测，抽检 30%，且不少于 20 根，同时每承台下不小于 1 根；同时按不少于总桩数 10% 的比例采用声波透射法或钻芯法检测。

5.8 桩基施工和验收应严格按现行的有关规范、规程执行，桩基验收合格后方可进行承台施工。

5.9 人工挖孔灌注桩质量检测方案需经当地相关部门审批后方可实施。

图 3-1-1　桩基础施工图

人工挖孔桩验收记录（一）

表 3-1-1
编号：001

工程名称：桩基础工程

序号	桩号	桩代号	桩径（m）	井口标高	设计桩顶标高	孔深	空桩	护壁尺寸		扩大头尺寸（m）					备注
								a_1（m）	a_2（m）	扩大头直径（D_0）	扩底尺寸（b）	扩大头高（h_2）	圆台高（h_1）	锅底	
1	97	ZJ1	1.2	43.66	41.35	19.65	2.31	0.1	0.075	2	0.4	1	0.2	0.3	
2	98	ZJ1	1.2	43.54	41.35	20.3	2.19	0.1	0.075	2	0.4	1	0.2	0.3	
3	99	ZJ1	1.2	43.6	41.35	19.35	2.25	0.1	0.075	2	0.4	1	0.2	0.3	
4	100	ZJ1	1.2	43.33	41.35	19.5	1.98	0.1	0.075	2	0.4	1	0.2	0.3	
5	101	ZJ1	1.2	43.43	41.35	20.2	2.08	0.1	0.075	2	0.4	1	0.2	0.3	
6	102	ZJ1	1.2	43.2	41.35	20.1	1.85	0.1	0.075	2	0.4	1	0.2	0.3	
7	103	ZJ1	1.2	43.29	41.35	20.25	1.94	0.1	0.075	2	0.4	1	0.2	0.3	
8	104	ZJ1	1.2	43.07	41.35	16.8	1.72	0.1	0.075	2	0.4	1	0.2	0.3	
9	105	ZJ1	1.2	43.56	41.35	16.5	2.21	0.1	0.075	2	0.4	1	0.2	0.3	
10	106	ZJ1	1.2	43.46	41.35	18.9	2.11	0.1	0.075	2	0.4	1	0.2	0.3	
11	107	ZJ1	1.2	43.45	41.35	18.4	2.1	0.1	0.075	2	0.4	1	0.2	0.3	
12	108	ZJ1	1.2	43.72	41.35	18.2	2.37	0.1	0.075	2	0.4	1	0.2	0.3	
13	109	ZJ1	1.2	43.4	41.35	20.1	2.05	0.1	0.075	2	0.4	1	0.2	0.3	
14	110	ZJ1	1.2	43.58	39.2	20.3	4.38	0.1	0.075	2	0.4	1	0.2	0.3	
15	111	ZJ1	1.2	43.35	39.2	20.25	4.15	0.1	0.075	2	0.4	1	0.2	0.3	
16	112	ZJ1	1.2	43.26	41.35	20.2	1.91	0.1	0.075	2	0.4	1	0.2	0.3	
17	113	ZJ1	1.2	43.12	41.35	17.9	1.77	0.1	0.075	2	0.4	1	0.2	0.3	
18	114	ZJ1	1.2	43.01	41.35	18.5	1.66	0.1	0.075	2	0.4	1	0.2	0.3	
合计						345.4	40.97								

施工单位检查评定结果：属实

项目专业技术负责人：杨 ×× 　　　　　　　　　　2020 年 11 月 27 日

施工单位检查记录人：王 ×

监理（建设）单位验收结论：数据属实

监理（建设）项目部（章）（此处略）

监理（建设）单位项目技术负责人：柳 ×× 　　　　2020 年 11 月 27 日

项目专业监理工程师（建设单位项目技术负责人）：柳 ××

监理（建设）单位旁站监督人：陈 ×

工程名称：桩基础工程

表 3-1-2

编号：002

人工挖孔桩验收记录（二）

序号	桩号	桩代号	桩径(m)	井口标高	设计桩顶标高	孔深	空桩	护壁尺寸		扩大头尺寸					备注
								a_1(m)	a_2(m)	扩大头直径(D_0)	扩底尺寸(b)	扩大头高(h_2)	圆台高(h_1)	锅底	
19	115	ZJ1	1.2	43.68	41.35	14.1	2.33	0.1	0.075	2	0.4	1	0.2	0.3	
20	116	ZJ1	1.2	43.67	41.35	17.1	2.32	0.1	0.075	2	0.4	1	0.2	0.3	
21	117	ZJ1	1.2	43.5	41.35	16.5	2.15	0.1	0.075	2	0.4	1	0.2	0.3	
22	118	ZJ1	1.2	43.54	41.35	18.8	2.19	0.1	0.075	2	0.4	1	0.2	0.3	
23	119	ZJ1	1.2	43.5	41.35	20	2.15	0.1	0.075	2	0.4	1	0.2	0.3	
24	120	ZJ1	1.2	43.47	39.2	21.15	4.27	0.1	0.075	2	0.4	1	0.2	0.3	
25	121	ZJ1	1.2	43.44	39.2	21.25	4.24	0.1	0.075	2	0.4	1	0.2	0.3	
26	122	ZJ1	1.2	43.4	41.35	19.8	2.05	0.1	0.075	2	0.4	1	0.2	0.3	
27	123	ZJ1	1.2	43.41	41.35	20.7	2.06	0.1	0.075	2	0.4	1	0.2	0.3	
28	124	ZJ1	1.2	43.08	41.35	18	1.73	0.1	0.075	2	0.4	1	0.2	0.3	
29	125	ZJ1	1.2	43.65	41.35	12.9	2.3	0.1	0.075	2	0.4	1	0.2	0.3	
30	126	ZJ1	1.2	43.62	41.35	14.4	2.27	0.1	0.075	2	0.4	1	0.2	0.3	
31	127	ZJ1	1.2	43.37	41.35	18.1	2.02	0.1	0.075	2	0.4	1	0.2	0.3	
32	128	ZJ1	1.2	43.5	41.35	18.6	2.15	0.1	0.075	2	0.4	1	0.2	0.3	
33	129	ZJ1	1.2	43.57	41.35	19.65	2.22	0.1	0.075	2	0.4	1	0.2	0.3	
34	130	ZJ1	1.2	43.57	39.2	20.1	4.37	0.1	0.075	2	0.4	1	0.2	0.3	
35	131	ZJ1	1.2	43.76	39.2	19.6	4.56	0.1	0.075	2	0.4	1	0.2	0.3	
36	132	ZJ1	1.2	43.26	41.35	20.3	1.91	0.1	0.075	2	0.4	1	0.2	0.3	
合计						331.05	47.29								

施工单位检查评定结果：属实

监理（建设）单位验收结论：数据属实

项目专业技术负责人：杨××

2020 年 11 月 27 日

项目专业监理工程师（建设单位项目技术负责人）：柳××

监理（建设）项目部（章）（此处略）

施工单位检查记录人：王×

监理（建设）单位旁站监督人：陈×

2020 年 11 月 27 日

人工挖孔桩验收记录（三）

表 3-1-3

工程名称：桩基础工程

编号：003

序号	桩号	桩代号	桩径（m）	井口标高	设计桩顶标高	孔深	空桩	护壁尺寸		扩大头尺寸					备注
								a_1（m）	a_2（m）	扩大头直径（D_0）	扩底尺寸（b）	扩大头高（h_2）	圆台高（h_1）	锅底	
37	133	ZJ1	1.2	43.2	41.35	20.85	1.85	0.1	0.075	2	0.4	1	0.2	0.3	
38	134	ZJ1	1.2	43.15	41.35	19.7	1.8	0.1	0.075	2	0.4	1	0.2	0.3	
39	135	ZJ1	1.2	43.43	41.35	18.25	2.08	0.1	0.075	2	0.4	1	0.2	0.3	
40	136	ZJ1	1.2	43.48	41.35	18.2	2.13	0.1	0.075	2	0.4	1	0.2	0.3	
41	137	ZJ1	1.2	43.48	41.35	20.1	2.13	0.1	0.075	2	0.4	1	0.2	0.3	
42	138	ZJ1	1.2	43.5	41.35	20.3	2.15	0.1	0.075	2	0.4	1	0.2	0.3	
43	139	ZJ1	1.2	43.56	41.35	19.5	2.21	0.1	0.075	2	0.4	1	0.2	0.3	
44	140	ZJ1	1.2	43.29	41.35	18.9	1.94	0.1	0.075	2	0.4	1	0.2	0.3	
45	141	ZJ1	1.2	43.75	41.35	20.7	2.4	0.1	0.075	2	0.4	1	0.2	0.3	
46	142	ZJ1	1.2	43.67	41.35	19.1	2.32	0.1	0.075	2	0.4	1	0.2	0.3	
47	143	ZJ1	1.2	43.4	41.35	16.5	2.05	0.1	0.075	2	0.4	1	0.2	0.3	
48	144	ZJ1	1.2	43.06	41.35	17.1	1.71	0.1	0.075	2	0.4	1	0.2	0.3	
49	145	ZJ1	1.2	43.81	41.35	21.7	2.46	0.1	0.075	2	0.4	1	0.2	0.3	
50	146	ZJ1	1.2	43.58	41.35	21.15	2.23	0.1	0.075	2	0.4	1	0.2	0.3	
51	147	ZJ1	1.2	43.47	41.35	21.4	2.12	0.1	0.075	2	0.4	1	0.2	0.3	
52	148	ZJ1	1.2	43.75	41.35	20.8	2.4	0.1	0.075	2	0.4	1	0.2	0.3	
53	149	ZJ1	1.2	43.09	41.35	17.15	1.74	0.1	0.075	2	0.4	1	0.2	0.3	
54	150	ZJ1	1.2	43.03	41.35	17.3	1.68	0.1	0.075	2	0.4	1	0.2	0.3	
55	151	ZJ1	1.2	43.53	41.35	20.8	2.18	0.1	0.075	2	0.4	1	0.2	0.3	
56	152	ZJ1	1.2	43.6	41.35	21.8	2.25	0.1	0.075	2	0.4	1	0.2	0.3	
合计						391.3	41.83								

施工单位检查评定结果：属实

监理（建设）单位验收结论：数据属实

项目专业技术负责人：杨 × × ×　　　　2020 年 11 月 27 日

项目专业监理工程师（建设单位项目技术负责人：柳 × ×

监理（建设）单位旁站监督人：陈 ×

监理（建设）项目部（章）（此处略）

2020 年 11 月 27 日

施工单位检查记录人：王 ×

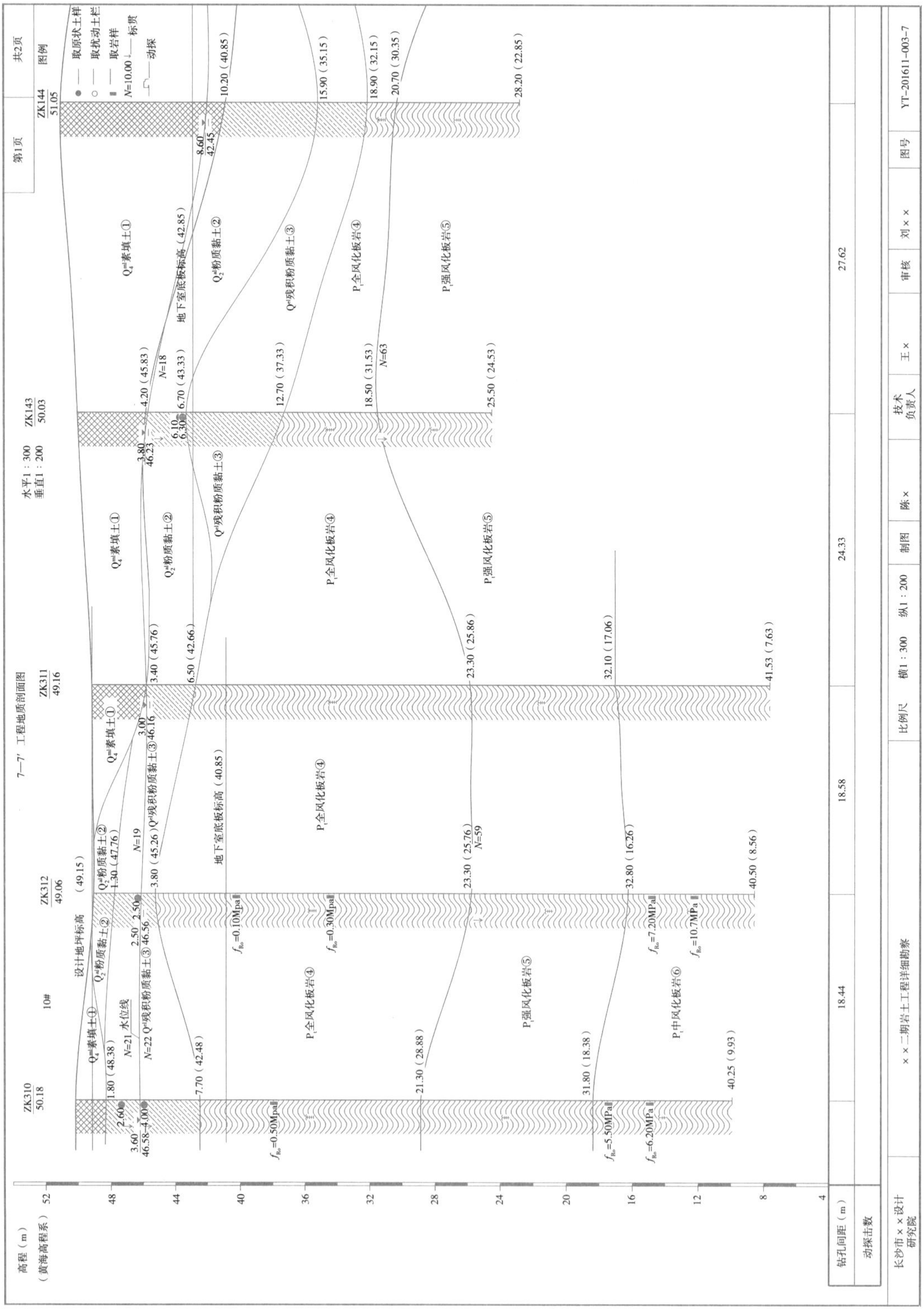
7—7′ 工程地质剖面图
水平1：300
垂直1：200
第1页
共2页
图例
取原状土样
取扰动土栏
取岩样
标贯
动探
ZK310
50.18
ZK312
49.06
ZK311
49.16
ZK143
50.03
ZK144
51.05
设计地坪标高 （49.15）
地下室底板标高（40.85）
地下室底板标高（42.85）
水位线
高程（m）
（黄海高程系）
钻孔间距（m）
动探击数
18.44
18.58
24.33
27.62
××二期岩土工程详细勘察
比例尺
横1：300
纵1：200
制图
陈×
技术负责人
王×
审核
刘××
图号
YT-201611-003-7
长沙市××设计研究院

图 3-1-2 地勘资料

任务 3.2　合同价格编制

任务描述

根据地勘资料和施工图纸编制出第 10 号栋人工挖孔桩的合同价格（全费用综合单价）：

1. 列出人工挖孔桩清单项目并进行定额组价；

2. 计算出人工挖孔桩工程量（桩基长度暂按 18m 考虑，空桩长度暂按 2m 考虑，入岩暂按 1.2m 考虑）；

桩基合同价格编制

3. 依据湖南省住房和城乡建设厅关于印发《湖南省建设工程计价办法》（湘建价〔2020〕56 号）及《湖南省建设工程消耗量标准》的通知、《湖南省房屋建筑与装饰工程消耗量标准（2020 版）》及其统一解释汇编进行套价取费；依据《湖南省建设工程造价管理总站关于机械费调整及有关问题的通知》（湘建价市〔2020〕46 号）和《长沙建设造价》2020 年 10 期进行机械费和材料费的调差。

4. 本桩基工程的土石方余土弃置不包含在合同范围内。

任务实施

人工挖孔桩清单组价以及空桩、实桩的单价确定如下：

1. 清单组价（表 3-2-1 人工挖孔桩清单组价表）

人工挖孔桩清单组价表　　　　　　　　　　　　　　　表 3-2-1

序号	项目编码	项目名称	单位	工程量计算式	计算结果
1	010302004001	人工挖孔桩空桩部分（空桩暂按2m考虑）	m^3	V= 空桩部分体积 = $\pi \times [$（$D+2a_1+2a_2$）/2$]^2 \times$ 空桩护壁长 = $\pi \times [$（$1.2+2 \times 0.1+0.075 \times 2$）/2$]^2 \times 2$ =3.77m^3	3.77
1.1	A3-57	人工挖孔桩土方（桩径>1000mm 孔深≤ 20m）	$10m^3$	V= $\pi \times [$（$D+2a_1+2a_2$）/2$]^2 \times$ 空桩高 = $\pi \times [$（$1.2+2 \times 0.1+2 \times 0.075$）/2$]^2 \times 2$ =3.77m^3	0.377
1.2	A3-66 换	人工挖孔灌注桩 护壁 C35	$10m^3$	V= 空桩部分护壁体积 = $\pi \times \{[$（$D+2a_1+2a_2$）/2$]^2-[$（$D+a_2$）/2$]^2\} \times$ 空桩护壁长 = $\pi \times \{[$（$1.2+2 \times 0.1+0.075 \times 2$）/2$]^2-[$（$1.2+0.075$）/2$]^2\} \times 2$ =1.22m^3	0.122
1.3	A3-64	人工挖孔灌注桩 护壁 模板	$10m^2$	$S= \pi \times$（$r+r'$）$\times 1=1/2 \times \pi \times [D+$（$D+a_2 \times 2$）$] \times \sqrt{l^2+a_2^2} \times 2$ =$1/2 \times \pi \times [1.2+$（$1.2+0.075 \times 2$）$] \times \sqrt{l^2+0.075^2} \times 2$ =8.03m^2	0.803

续表

序号	项目编码	项目名称	单位	工程量计算式	计算结果
1.4	A3-68	护壁钢筋 直径 8	t	竖向 $\Phi 8$： $L_单$=1000-50+6.25×8+250+50=1300mm=1.3m N/m=π×（1.2+0.175×2-0.05×2）/0.2≈23 根 总重=1.3×23×2×0.395=23.621kg≈0.0236t 环形 $\Phi 8$： $L_单$=π×（1.2+0.175×2-0.05×2-0.008×2）+ 6.25×0.008×2+0.25=4.85m N/m=（1000-50×2-8）/200+1=6 根 总重=4.85×6×2×0.395=22.989kg≈0.0229t 合计：0.0236+0.0229=0.047t	0.047
1.5	A3-88	凿空桩护壁	m³	{π×[（1.2+0.175×2）/2]²-π×[（1.2+0.075）/2]²}×2 =1.22m³	1.22
2	010302004002	人工挖孔桩实桩部分 实桩暂按18m考虑，入岩深度暂按1.2m考虑	m³	V= 实桩部分桩孔体积 =$V_挖孔桩土方$+$V_挖孔桩石方$ =31.69+3.34 =35.03m³	35.03
2.1	A3-57	人工挖孔桩 土方 桩径 >1000mm 孔深≤20m	10m³	V=π×[（1.2+0.175×2）/2]²×（18-入岩1.2）=31.69m³	3.169
2.2	A3-60	人工挖孔桩 手持式风动凿岩机 孔深≤25m 入岩（软岩）	10m³	$V_圆台$=1/3×π×h_2×（r_1^2+r_2^2+$r_1 r_2$）=1/3×π×1× {[（1.2+0.075×2）/2]²+（2/2）²+[（1.2+0.075×2）/2]× （2/2）}=2.23m³ $V_圆柱$=π×（D_0/2）²×h_1=π×（2/2）²×0.2=0.628m³ $V_球冠$=1/6×π×h×（$3r^2$+h^2） =1/6×π×0.3×（3×1²+0.3²）=0.485m³ 合计：V=$V_圆台$+$V_圆柱$+$V_球冠$ =2.23+0.628+0.485=3.34m³	0.334
2.3	A3-66 换	人工挖孔灌注桩 护壁 C35	10m³	V=1/4×π×[（D+$2a_1$+$2a_2$）²-（D+a_2）²]×实桩护壁长 =1/4×π×[（1.2+0.1×2+0.075×2）²-（1.2+0.075）²]× （18-1.2）=10.25m³	1.025
2.4	A3-64	人工挖孔灌注桩 护壁 模板	10m²	S=π×（r+r'）×l=1/2×π×[D+（D+D_2×2）]×$\sqrt{l^2+a^2}$ ×实桩护壁长 =1/2×π×[1.2+（1.2+0.075×2）]×$\sqrt{l^2+0.075^2}$× （18-1.2）=67.48m³	6.748
2.5	A3-68	护壁钢筋 直径 8	t	竖向 $\Phi 8$：每根长=1.3m 每米护壁中根数≈23 根（具体计算式见前） 总重=1.3×23×（18-1.2）×0.395=198.4kg≈0.198t 环形 $\Phi 8$：每根长=4.85m 每米护壁长根数≈6 根（具体计算式见前） 总重=4.85×6×（18-1.2）×0.395=193.1kg≈0.193t 合计：0.198+0.193=0.391t	0.391
2.6	A3-67 换	人工挖孔灌注桩 桩芯混凝土 C35	10m³	V=$V_护壁中间的桩芯混凝土$+$V_扩大头$ $V_护壁中间的桩芯混凝土$=π×[（1.2+0.075）/2]²×（18-1.2+0.25[1]） =21.77m³ $V_扩大头$=3.34m³（计算式同前） 合计：21.77+3.34=25.11m³	2.511

序号	项目编码	项目名称	单位	工程量计算式	计算结果
2.7	A3-68	钢筋笼螺旋箍筋直径 10	t	长 =（18-3.6-0.05）/0.2 × $\sqrt{0.2^2+（1.2-0.05 × 2）^2}$ × π^2 +（3.6-0.05）/0.1 × $\sqrt{0.1^2+（1.2-0.05 × 2）^2}$ × π^2 + 11.9 × 0.01 × 2+1.5 × π ×（1.2-0.05 × 2）× 2=381.690m 总重 =381.69 × 0.617=235.5kg ≈ 0.236t	0.236
2.8	A3-69	制作、安放钢筋笼 带肋钢筋 HRB400	t	（1）长纵筋 Φ14 　总重 =（18-0.05+35 × 0.014）× 19 × 1.208 　　　 = 423.235kg ≈ 0.423t （2）加劲箍 Φ12 　每周长 = π ×（1.2-0.05 × 2-0.01 × 2-0.014 × 2）+ 　　　　 10 × 0.012=3.425m 　总重 =3.425 ×［（18-0.05 × 2）/2 +1］^{②} × 0.888 　　　 =30.413kg ≈ 0.03t 　长纵筋 + 加劲箍 =0.423+0.03=0.453t	0.453
2.9	A3-88	凿桩头	m^3	V= π ×［（1.2+0.175 × 2）/2］^{2} × 0.25=0.47m^3	0.47

注：①表示超灌长度；②表示向上取整。

2. 人工挖孔桩空桩投标报价汇总（表 3-2-2）

人工挖孔桩空桩投标报价汇总表

工程名称：人工挖孔桩空桩工程　　　　　　　　　　　　　　　　　　　　　　　表 3-2-2

序号	工程内容	计费基础说明	费率（％）	金额	其中：暂估价（元）
一	分部分项工程费	分部分项费用合计		2970.01	
1	直接费			2568.08	
1.1	人工费			1525.55	
1.2	材料费			960.55	
1.2.1	其中：工程设备费/其他	（详见附录 C 说明第 2 条规定计算）			
1.3	机械费			81.98	
2	管理费		9.65	247.83	
3	其他管理费	（按附录 C 说明第 2 条规定计算）	2		
4	利润		6	154.10	
二	措施项目费	1+2+3		120.83	
1	单价措施项目费	单价措施项目费合计			
1.1	直接费				
1.1.1	人工费				
1.1.2	材料费				
1.1.3	机械费				
1.2	管理费		9.65		
1.3	利润		6		
2	总价措施项目费	（按 E.20 总价措施项目计价表计算）		4.75	

续表

序号	工程内容	计费基础说明	费率（%）	金额	其中：暂估价（元）
3	绿色施工安全防护措施项目费	（按 E.21 绿色施工安全防护措施费计价表计算）	4.52	116.08	
3.1	其中安全生产费	（按 E.21 绿色施工安全防护措施费计价表计算）	3.29	84.49	
三	其他项目费	（按 E.23 其他项目计价汇总表计算）		30.91	
四	税前造价	一＋二＋三		3121.75	
五	销项税额	四	9	280.96	
	单位工程建安造价	四＋五		3402.71	

3. 分部分项工程项目清单与措施项目清单计价（空桩）（表 3-2-3）

人工挖孔桩空桩分部分项工程项目清单与措施项目清单计价表　　　表 3-2-3

工程名称：人工挖孔桩空桩工程

序号	项目编码	项目名称	项目特征描述	计量单位	工程量	金额（元）		
						综合单价	合价	其中：暂估价
1	010302004001	人工挖孔桩空桩	1. 空桩高 2m 2. 桩径 1.2m 3. 护壁混凝土 C35 4. 护壁钢筋直径 8mm 5. 地层情况由投标人根据岩土工程勘察报告自行决定报价	m³	3.77	787.80	2970.01	
1.1	A3-57	人工挖孔桩土方 桩径 >1000mm 孔深≤ 20m		10m³	0.37737	2351.94	887.55	
1.2	A3-66 换	人工挖孔灌注桩 护壁 C35		10m³	0.12203	7318.89	893.12	
1.3	A3-64	人工挖孔灌注桩 护壁 模板		10m²	0.80333	451.77	362.92	
1.4	A3-68	护壁钢筋直径 8mm		t	0.0466	6433.94	299.82	
1.5	A3-88	凿空桩护壁		m³	1.2203	431.52	526.58	
		本页合计					2970.01	
		合计					2970.01	

4. 人工、材料、机械汇总表（空桩）（表 3-2-4）

人工挖孔桩空桩人工、材料、机械汇总表　　　表 3-2-4

工程名称：人工挖孔桩空桩工程

序号	编码	名称（材料、机械规格型号）	单位	数量	单价（元）	合价（元）	备注
1	H00001	人工费	元	1525.539	1.00	1525.54	
2	01090100013	圆钢 ϕ10	kg	47.532	4.22	200.59	
3	03130100019	低碳钢焊条 综合	kg	0.188	6.02	1.13	
4	03210700004	镀锌铁丝 ϕ0.7	kg	0.502	5.35	2.69	

续表

序号	编码	名称（材料、机械规格型号）	单位	数量	单价（元）	合价（元）	备注
5	34110100002	水	t	0.48	4.40	2.11	
6	35010400002	组合钢模板	kg	1.165	7.419	8.64	
7	88010500001	其他材料费	元	27.843	1.00	27.84	
8	88010500005	照明及安全费	元	25.661	1.00	25.66	
9	80210400008	商品混凝土（砾石）C35	m³	1.239	558.61	692.12	
10	J1-48	手持式风动凿岩机 小型	台班	1.023	11.252	11.51	
11	J3-16	轮胎式起重机 提升质量（t）16 大型	台班	0.008	1356.623	10.85	
12	J4-5	载重汽车 装载质量（t）6 中型	台班	0.006	461.73	2.77	
13	J7-1	钢筋调直机 直径（mm）14 小型	台班	0.014	39.661	0.56	
14	J7-2	钢筋切断机 直径（mm）40 小型	台班	0.006	43.967	0.26	
15	J7-3	钢筋弯曲机 直径（mm）40 小型	台班	0.02	26.901	0.54	
16	J9-11	直流弧焊机 容量（kV·A）32 小型	台班	0.016	93.674	1.50	
17	J9-40	电焊条烘干箱 容量（cm³）45×35×45 小型	台班	0.002	17.627	0.04	
18	J10-6	电动空气压缩机 排气量（m³/min）1 中型	台班	1.023	52.136	53.34	
		本页小计	元			2567.68	
		合计	元			2567.68	

5. 人工挖孔桩实桩投标报价汇总（表 3-2-5）

人工挖孔桩实桩投标报价汇总表　　　　表 3-2-5

工程名称：人工挖孔桩实桩工程

序号	工程内容	计费基础说明	费率（%）	金额（元）	其中：暂估价（元）
一	分部分项工程费	分部分项费用合计		44952.95	
1	直接费			38869.90	
1.1	人工费			12157.15	
1.2	材料费			25868.70	
1.2.1	其中：工程设备费/其他	（详见附录 C 说明第 2 条规定计算）			
1.3	机械费			844.05	
2	管理费		9.65	3750.99	
3	其他管理费	（按附录 C 说明第 2 条规定计算）	2		
4	利润		6	2193.66	
二	措施项目费	1+2+3		1720.20	
1	单价措施项目费	单价措施项目费合计			
1.1	直接费				
1.1.1	人工费				

续表

序号	工程内容	计费基础说明	费率（%）	金额（元）	其中：暂估价（元）
1.1.2	材料费				
1.1.3	机械费				
1.2	管理费		9.65		
1.3	利润		6		
2	总价措施项目费	（按 E.20 总价措施项目计价表计算）		71.92	
3	绿色施工安全防护措施项目费	（按 E.21 绿色施工安全防护措施费计价表计算）	4.52	1756.92	
3.1	其中安全生产费	（按 E.21 绿色施工安全防护措施费计价表计算）	3.29	1278.82	
三	其他项目费	（按 E.23 其他项目计价汇总表计算）		467.82	
四	税前造价	一＋二＋三		47249.61	
五	销项税额	四	9	4252.46	
	单位工程建安造价	四＋五		51502.07	

6. 分部分项工程项目清单与措施项目清单计价（实桩）（表 3-2-6）

人工挖孔桩实桩分部分项工程项目清单与措施项目清单计价表　　表 3-2-6

工程名称：人工挖孔桩实桩工程

序号	项目编码	项目名称	项目特征描述	计量单位	工程量	金额（元）		
						综合单价	合价	其中：暂估价
1	010302004002	人工挖孔桩实桩		m^3	35.03	1283.27	44952.95	
1.1	A3-57	人工挖孔桩土方 桩径 >1000mm 孔深≤ 20m		$10m^3$	3.16993	2351.94	7455.49	
1.2	A3-60	人工挖孔桩 手持式风动凿岩机 孔深≤ 25m 入岩（软岩）	1. 实桩高暂按 18m 考虑 2. 入岩深度按 1.2m 考虑 3. 地层情况由投标人根据岩土工程勘察报告自行决定报价 4. 岩石类别为软岩	$10m^3$	0.33448	4085.13	1366.39	
1.3	A3-66 换	人工挖孔灌注桩 护壁 C35		$10m^3$	1.02503	7318.89	7502.08	
1.4	A3-64	人工挖孔灌注桩 护壁 模板		$10m^2$	6.74799	451.77	3048.54	
1.5	A3-68	护壁钢筋直径 8mm		t	0.3915	6433.94	2518.89	
1.6	A3-67 换	人工挖孔灌注桩 桩芯混凝土 C35		$10m^3$	2.51082	7360.40	18480.64	
1.7	A3-68	钢筋笼螺旋箍筋直径 10mm		t	0.2355	6433.94	1515.19	
1.8	A3-69	制作、安放钢筋笼 带肋钢筋 HRB400		t	0.453	6318.58	2862.32	
1.9	A3-88	凿桩头		m^3	0.4717	431.52	203.55	
		本页合计					44952.95	
		合计					44952.95	

7. 人工、材料、机械汇总（实桩）（表 3-2-7）

人工挖孔桩实桩人工、材料、机械汇总表　　　　　表 3-2-7

工程名称：人工挖孔桩实桩工程

序号	编码	名称（材料、机械规格型号）	单位	数量	单价（元）	合价（元）	备注
1	H00001	人工费	元	12157.16	1.00	12157.16	
2	01010300009	螺纹钢筋 HRB400 ϕ 16	kg	464.325	4.127	1916.27	
3	01090100013	圆钢 ϕ10	kg	639.54	4.22	2698.86	
4	03130100019	低碳钢焊条 综合	kg	6.182	6.02	37.22	
5	03210700004	镀锌铁丝 ϕ0.7	kg	8.28	5.35	44.30	
6	34110100002	水	t	13.896	4.40	61.14	
7	35010400002	组合钢模板	kg	9.785	7.419	72.59	
8	88010500001	其他材料费	元	745.452	1.00	745.45	
9	88010500005	照明及安全费	元	244.989	1.00	244.99	
10	80210400008	商品混凝土（砾石）C35	m³	35.889	558.61	20047.95	
11	J1–48	手持式风动凿岩机 小型	台班	2.09	11.252	23.52	
12	J3–16	轮胎式起重机 提升质量（t）16 大型	台班	0.194	1356.623	263.18	
13	J3–19	汽车式起重机 提升质量（t）8 大型	台班	0.369	887.046	327.32	
14	J4–5	载重汽车 装载质量（t）6 中型	台班	0.054	461.73	24.93	
15	J7–1	钢筋调直机 直径（mm）14 小型	台班	0.182	39.661	7.22	
16	J7–2	钢筋切断机 直径（mm）40 小型	台班	0.127	43.967	5.58	
17	J7–3	钢筋弯曲机 直径（mm）40 小型	台班	0.326	26.901	8.77	
18	J9–11	直流弧焊机 容量（kV·A）32 小型	台班	0.515	93.674	48.24	
19	J9–18	对焊机 容量（kV·A）75 小型	台班	0.050	112.323	5.62	
20	J9–40	电焊条烘干箱 容量（cm³）45×35×45 小型	台班	0.051	17.627	0.90	
21	J10–6	电动空气压缩机 排气量（m³/min）1 中型	台班	0.395	52.136	20.59	
22	J10–7	电动空气压缩机 排气量（m³/min）3 中型	台班	0.848	126.886	107.60	
		本页小计	元			38869.41	
		合计	元			38869.41	

8. 确定综合单价

依据分部分项工程项目清单与措施项目清单计价表（空桩）、分部分项工程项目清单与措施项目清单计价表（实桩），得出人工挖孔桩空桩全费用综合单价为 903 元 /m³，实桩全费用综合单价为 1470 元 /m³。此价格在桩基础施工合同条款 1.7 条已经注明。按此价格进行工程结算。

任务 3.3　实际工程计量、计价

任务描述

依据任务 1 编制出来的合同单价和下列结算资料，计算出 10 号栋第 97 号人工挖孔桩的实际工程量，从而得出第 97 号人工挖孔桩的竣工结算价。

任务实施

3.3.1　结算前期准备

进行结算编制前，应对收集好的结算资料进行核查与分析，重点从以下几个方面对资料进行分析：

（1）核查资料的完整性；

（2）核查资料的真实性；

（3）分析合同约定的相关条款。

桩基结算编制

3.3.2　第 97 号桩结算解析

依据地质勘察报告、桩基隐蔽验收记录、竣工图纸以及工程量清单等资料，现以 97 号桩为例，进行人工挖孔桩的结算解析，具体步骤如下：

（1）计算人工挖孔桩实际工程量（表 3-3-1）

97 号桩人工挖孔桩实际工程量　　　　　　　　　　　　表 3-3-1

	桩号	桩代号	桩径（m）	井口标高（m）	设计桩顶标高（m）
已知数据	97	ZJ1	1.2	43.66	41.35
	孔深（m）	空桩（m）	护壁尺寸		
			a_1（m）		a_2（m）
	19.65	2.31	0.1		0.075
	设计扩大头尺寸（m）				
	扩大头直径（D_0）	扩底尺寸（b）	扩大头高（h_2）	圆台高（h_1）	锅底高
	2	0.4	1	0.2	0.3

续表

计算数据	桩底标高（m）	桩底标高 = 井口标高 − 孔深 =43.66−19.65=24.01
	有效桩长（m）	有效桩长 = 设计桩顶标高 − 桩底标高 =41.35−24.01=17.34
	扩底量（扩底 + 圆台）	扩底体积 = 圆台体积 + 圆柱体积 $=1/3 \times \pi \times h_2 \times (r_\text{上}^2 + r_\text{下}^2 + r_\text{上} r_\text{下}) + \pi \times h_1 \times (D_0/2)^2$ $=1/3 \times 3.14 \times 1 \times [(1.2/2+0.075)^2 + (2/2)^2 + (1.2/2+0.075) \times (2/2)] + 3.14 \times 0.2 \times (2/2)^2$ $=2.86 m^3$
	锅底量	锅底体积 $=1/6 \times \pi \times h \times [3 \times (D_0/2)^2 + h^2]$ $=1/6 \times 3.14 \times 0.3 \times [3 \times (2/2)^2 + 0.3^2]$ $=0.49 m^3$
	空桩量	空桩量 $= \pi \times$ 空桩长度 × 空桩半径^2 $=3.14 \times 2.31 \times (1.2/2+0.1+0.075)^2 = 4.36 m^3$
	实桩量	实桩量 = 桩身体积 + 扩底体积 + 锅底体积 $= \pi \times$（有效桩长 $-h_1-h_2-0.3$）$\times (1.2/2+0.1+0.075)^2 + 2.86 + 0.49$ $=33.22 m^3$

（2）依据合同单价，计算 97 号桩人工挖孔桩的价格（表 3–3–2）

97 号人工挖孔桩工程量统计汇总表　　　　　　　　　表 3–3–2

桩号	空桩量（m³）	空桩单价（元 /m³）	空桩总价（元）
97	4.36	903	903 × 4.36=3937.08
实桩量（m³）	实桩单价（元 /m³）	实桩总价（元）	总价（元）
33.22	1470	1470 × 33.22=48833.4	3937.08+48833.4=52270.48

任务 3.4　编制完整结算文件

 任务描述

　　第 10 号栋楼共计 56 根人工挖孔桩，桩号从 97 号 ~152 号。依据每根桩实际验收记录计算出该工程全部人工挖孔桩的实际工程量，具体计算过程与第 97 号桩相同，从而最终完成整个人工挖孔桩工程结算编制。

桩基完整结算文件编制

任务实施

1. 结算文件封面

×××**工程人工挖孔桩**

基础工程

结

算

书

×××有限公司

20××年××月××日

2. 结算文件编制说明

×××**工程人工挖孔桩基础工程编制说明**

（1）工程范围：×××工程×栋人工挖孔桩基础工程（详见桩基合同）。

（2）编制依据：依据桩基合同、竣工图纸及现场隐蔽验收记录等资料编制。

×××有限公司

20××年××月××日

3. 10号栋人工挖孔桩工程量统计汇总表（表3-4-1）

10号栋人工挖孔桩工程量统计汇总表 表3-4-1

项目名称	空桩（m³）	空桩单价（元/m³）	空桩总价（元）	实桩量（m³）	实桩单价（元/m³）	实桩总价（元）	总价（元）
10号栋	245.12	903	221343.36	1787.59	1470	2627757.3	2849100.66

详细计算过程见表3-4-2。

表 3-4-2

10 号栋人工挖孔桩工程量计算表

桩号	桩径（m）	井口标高	设计桩顶标高	桩底标高	孔深	空桩	空桩（井口标高-桩顶标高）	交付标高	有效桩长	桩长	护壁尺寸 a_1	a_2	扩大头直径（D_0）	扩底尺寸（b）	扩大头高（h_2）	圆台高（h_1）	锅底	扩底量（扩底+圆台）	锅底量	空桩量	实桩量
97	1.2	43.66	41.35	24.01	19.65	2.31	2.31	43.25	17.34	17.34	0.1	0.075	2	0.4	1	0.2	0.3	2.86	0.49	4.36	33.22
98	1.2	43.54	41.35	23.24	20.3	2.19	2.19	43.25	18.11	18.11	0.1	0.075	2	0.4	1	0.2	0.3	2.68	0.49	4.13	34.49
99	1.2	43.6	41.35	24.25	19.4	2.25	2.25	43.25	17.1	17.1	0.1	0.075	2	0.4	1	0.2	0.3	2.68	0.49	4.24	32.59
100	1.2	43.33	41.35	23.83	19.5	1.98	1.98	43.25	17.52	17.52	0.1	0.075	2	0.4	1	0.2	0.3	2.68	0.49	3.73	33.38
101	1.2	43.43	41.35	23.23	20.2	2.08	2.08	43.25	18.12	18.12	0.1	0.075	2	0.4	1	0.2	0.3	2.68	0.49	3.92	34.51
102	1.2	43.2	41.35	23.1	20.1	1.85	1.85	43.25	18.25	18.25	0.1	0.075	2	0.4	1	0.2	0.3	2.68	0.49	3.49	34.75
103	1.2	43.29	41.35	23.04	20.3	1.94	1.94	43.25	18.31	18.31	0.1	0.075	2	0.4	1	0.2	0.3	2.68	0.49	3.66	34.87
104	1.2	43.07	41.35	26.27	16.8	1.72	1.72	43.25	15.08	15.08	0.1	0.075	2	0.4	1	0.2	0.3	2.68	0.49	3.24	28.78
105	1.2	43.56	41.35	27.06	16.5	2.21	2.21	43.25	14.29	14.29	0.1	0.075	2	0.4	1	0.2	0.3	2.68	0.49	4.17	27.29
106	1.2	43.46	41.35	24.56	18.9	2.11	2.11	43.25	16.79	16.79	0.1	0.075	2	0.4	1	0.2	0.3	2.68	0.49	3.98	32.00
107	1.2	43.45	41.35	25.05	18.4	2.1	2.1	43.25	16.3	16.3	0.1	0.075	2	0.4	1	0.2	0.3	2.68	0.49	3.96	31.08
108	1.2	43.72	41.35	25.52	18.2	2.37	2.37	43.25	15.83	15.83	0.1	0.075	2	0.4	1	0.2	0.3	2.68	0.49	4.47	30.19
109	1.2	43.4	41.35	23.3	20.1	2.05	2.05	43.25	18.05	18.05	0.1	0.075	2	0.4	1	0.2	0.3	2.68	0.49	3.87	34.38
110	1.2	43.58	39.2	23.28	20.3	4.38	4.38	43.25	15.92	15.92	0.1	0.075	2	0.4	1	0.2	0.3	2.68	0.49	8.26	30.36
111	1.2	43.35	39.2	23.1	20.3	4.15	4.15	43.25	16.1	16.1	0.1	0.075	2	0.4	1	0.2	0.3	2.68	0.49	7.83	30.70
112	1.2	43.26	41.35	23.06	20.2	1.91	1.91	43.25	18.29	18.29	0.1	0.075	2	0.4	1	0.2	0.3	2.68	0.49	3.60	34.83
113	1.2	43.12	41.35	25.22	17.9	1.77	1.77	43.25	16.13	16.13	0.1	0.075	2	0.4	1	0.2	0.3	2.68	0.49	3.34	30.76
114	1.2	43.01	41.35	24.51	18.5	1.66	1.66	43.25	16.84	16.84	0.1	0.075	2	0.4	1	0.2	0.3	2.68	0.49	3.13	32.10
115	1.2	43.68	41.35	29.58	14.1	2.33	2.33	43.25	11.77	11.77	0.1	0.075	2	0.4	1	0.2	0.3	2.68	0.49	4.39	22.53
116	1.2	43.67	41.35	26.57	17.1	2.32	2.32	43.25	14.78	14.78	0.1	0.075	2	0.4	1	0.2	0.3	2.68	0.49	4.38	28.21

续表

桩号	桩径（m）	井口标高	设计桩顶标高	桩底标高	孔深	空桩	空桩（井口标高 - 桩顶标高）	交付标高	有效桩长	桩长	护壁尺寸 a_1	护壁尺寸 a_2	扩大头直径（D_0）	扩大头尺寸（m）扩底尺寸（b）	扩大头尺寸（m）扩大头高（h_2）	扩大头尺寸（m）圆台高（h_1）	锅底	扩底量（扩底+圆台）	锅底量	空桩量	实桩量
117	1.2	43.5	41.35	27	16.5	2.15	2.15	43.25	14.35	14.35	0.1	0.075	2	0.4	1	0.2	0.3	2.68	0.49	4.05	27.40
118	1.2	43.54	41.35	24.74	18.8	2.19	2.19	43.25	16.61	16.61	0.1	0.075	2	0.4	1	0.2	0.3	2.68	0.49	4.13	31.66
119	1.2	43.5	41.35	23.5	20	2.15	2.15	43.25	17.85	17.85	0.1	0.075	2	0.4	1	0.2	0.3	2.68	0.49	4.05	34.00
120	1.2	43.47	39.2	22.32	21.2	4.27	4.27	43.25	16.88	16.88	0.1	0.075	2	0.4	1	0.2	0.3	2.68	0.49	8.05	32.17
121	1.2	43.44	39.2	22.19	21.3	4.24	4.24	43.25	17.01	17.01	0.1	0.075	2	0.4	1	0.2	0.3	2.68	0.49	8.00	32.42
122	1.2	43.4	41.35	23.6	19.8	2.05	2.05	43.25	17.75	17.75	0.1	0.075	2	0.4	1	0.2	0.3	2.68	0.49	3.87	33.81
123	1.2	43.41	41.35	22.71	20.7	2.06	2.06	43.25	18.64	18.64	0.1	0.075	2	0.4	1	0.2	0.3	2.68	0.49	3.89	35.49
124	1.2	43.08	41.35	25.08	18	1.736	1.73	43.25	16.27	16.264	0.1	0.075	2	0.4	1	0.2	0.3	2.68	0.49	3.26	31.02
125	1.2	43.65	41.35	30.75	12.9	2.3	2.3	43.25	10.6	10.6	0.1	0.075	2	0.4	1	0.2	0.3	2.68	0.49	4.34	20.33
126	1.2	43.62	41.35	29.22	14.4	2.27	2.27	43.25	12.13	12.13	0.1	0.075	2	0.4	1	0.2	0.3	2.68	0.49	4.28	23.21
127	1.2	43.37	41.35	25.27	18.1	2.02	2.02	43.25	16.08	16.08	0.1	0.075	2	0.4	1	0.2	0.3	2.68	0.49	3.81	30.66
128	1.2	43.5	41.35	24.9	18.6	2.15	2.15	43.25	16.45	16.45	0.1	0.075	2	0.4	1	0.2	0.3	2.68	0.49	4.05	31.36
129	1.2	43.57	41.35	23.92	19.7	2.22	2.22	43.25	17.43	17.43	0.1	0.075	2	0.4	1	0.2	0.3	2.68	0.49	4.19	33.21
130	1.2	43.57	39.2	23.47	20.1	4.37	4.37	43.25	15.73	15.73	0.1	0.075	2	0.4	1	0.2	0.3	2.68	0.49	8.24	30.00
131	1.2	43.76	39.2	24.16	19.6	4.56	4.56	43.25	15.04	15.04	0.1	0.075	2	0.4	1	0.2	0.3	2.68	0.49	8.60	28.70
132	1.2	43.26	41.35	22.96	20.3	1.91	1.91	43.25	18.39	18.39	0.1	0.075	2	0.4	1	0.2	0.3	2.68	0.49	3.60	35.02
133	1.2	43.2	41.35	22.35	20.9	1.85	1.85	43.25	19	19	0.1	0.075	2	0.4	1	0.2	0.3	2.68	0.49	3.49	36.17
134	1.2	43.15	41.35	23.45	19.7	1.8	1.8	43.25	17.9	17.9	0.1	0.075	2	0.4	1	0.2	0.3	2.68	0.49	3.39	34.09
135	1.2	43.43	41.35	25.18	18.3	2.08	2.08	43.25	16.17	16.17	0.1	0.075	2	0.4	1	0.2	0.3	2.68	0.49	3.92	30.83
136	1.2	43.48	41.35	25.28	18.2	2.13	2.13	43.25	16.07	16.07	0.1	0.075	2	0.4	1	0.2	0.3	2.68	0.49	4.02	30.64

续表

桩号	桩径(m)	井口标高	设计桩顶标高	桩底标高	孔深	空桩	空桩(井口标高−桩顶标高)	交付标高	有效桩长	桩长	护壁尺寸 a_1	护壁尺寸 a_2	扩大头直径(D_0)	扩底尺寸(b)	扩大头高(h_2)	圆台高(h_1)	锅底	扩底量(扩底+圆台)	锅底量	空桩量	实桩量
137	1.2	43.48	41.35	23.38	20.1	2.13	2.13	43.25	17.97	17.97	0.1	0.075	2	0.4	1	0.2	0.3	2.68	0.49	4.02	34.23
138	1.2	43.5	41.35	23.2	20.3	2.15	2.15	43.25	18.15	18.15	0.1	0.075	2	0.4	1	0.2	0.3	2.68	0.49	4.05	34.57
139	1.2	43.56	41.35	24.06	19.5	2.21	2.21	43.25	17.29	17.29	0.1	0.075	2	0.4	1	0.2	0.3	2.68	0.49	4.17	32.94
140	1.2	43.29	41.35	24.39	18.9	1.94	1.94	43.25	16.96	16.96	0.1	0.075	2	0.4	1	0.2	0.3	2.68	0.49	3.66	32.32
141	1.2	43.57	41.35	22.87	20.7	2.4	2.22	43.25	18.48	18.3	0.1	0.075	2	0.4	1	0.2	0.3	2.68	0.49	4.19	35.19
142	1.2	43.67	41.35	24.57	19.1	2.32	2.32	43.25	16.78	16.78	0.1	0.075	2	0.4	1	0.2	0.3	2.68	0.49	4.38	31.98
143	1.2	43.4	41.35	26.9	16.5	2.05	2.05	43.25	14.45	14.45	0.1	0.075	2	0.4	1	0.2	0.3	2.68	0.49	3.87	27.59
144	1.2	43.06	41.35	25.96	17.1	1.71	1.71	43.25	15.39	15.39	0.1	0.075	2	0.4	1	0.2	0.3	2.68	0.49	3.22	29.36
145	1.2	43.81	41.35	22.11	21.7	2.46	2.46	43.25	19.24	19.24	0.1	0.075	2	0.4	1	0.2	0.3	2.68	0.49	4.64	36.62
146	1.2	43.58	41.35	22.43	21.2	2.23	2.23	43.25	18.92	18.92	0.1	0.075	2	0.4	1	0.2	0.3	2.68	0.49	4.21	36.02
147	1.2	43.47	41.35	22.07	21.4	2.12	2.12	43.25	19.28	19.28	0.1	0.075	2	0.4	1	0.2	0.3	2.68	0.49	4.00	36.70
148	1.2	43.75	41.35	22.95	20.8	2.4	2.4	43.25	18.4	18.4	0.1	0.075	2	0.4	1	0.2	0.3	2.68	0.49	4.53	35.04
149	1.2	43.09	41.35	25.94	17.2	1.74	1.74	43.25	15.41	15.41	0.1	0.075	2	0.4	1	0.2	0.3	2.68	0.49	3.28	29.40
150	1.2	43.03	41.35	25.73	17.3	1.68	1.68	43.25	15.62	15.62	0.1	0.075	2	0.4	1	0.2	0.3	2.68	0.49	3.17	29.79
151	1.2	43.53	41.35	22.73	20.8	2.18	2.18	43.25	18.62	18.62	0.1	0.075	2	0.4	1	0.2	0.3	2.68	0.49	4.11	35.45
152	1.2	43.6	41.35	21.8	21.8	2.25	2.25	43.25	19.55	19.55	0.1	0.075	2	0.4	1	0.2	0.3	2.68	0.49	4.24	37.21
合计																				245.12	1787.59

项目 4
地下室工程结算编制

 思维导图

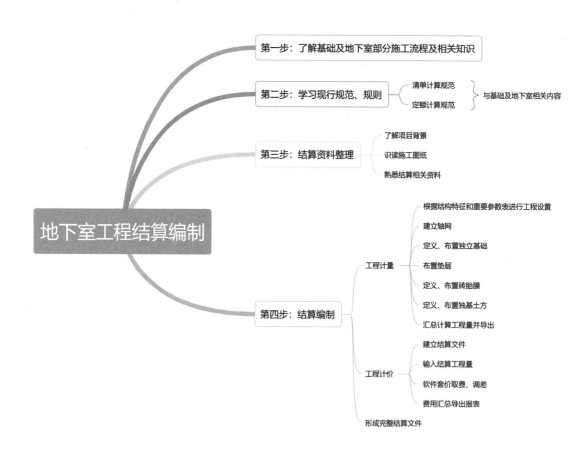

项目描述

本项目主要从地下室独立的设计变更导致结算工程量变化入手，详细介绍了如何正确整理结算相关资料并运用计量与计价软件进行地下室底板工程量结算编制。通过本项目的学习，学生能够：

1. 正确解读、理解工程结算相关资料，熟悉计算流程，掌握其相关计算规则，通过手算和电算两种方法计算出相关构件工程量。

2. 利用广联达计价软件进行相关构件的计价，熟悉结算工程量输入、综合单价调整、材料调差、结算造价呈现、结算报表打印等操作技能。

3. 依据资料，完成地下室工程量结算编制，形成最终的结算文件，并为编制过程结算打下坚实的基础。

 知识储备

1. 土石方工程、混凝土及钢筋混凝土工程、防水工程、措施项目的清单项目及其工程量计算规则（见《房屋建筑与装饰工程工程量计算规范》GB 50854—2013）。

2. 土石方工程、混凝土及钢筋混凝土工程、防水工程、措施项目的定额子目及其工程量计算规则（见《湖南省房屋建筑与装饰工程消耗量标准（2020版）》）。

3.《湖南省建设工程计价办法（2020版）》。

4. 湘建价〔2020〕56号文。

任务 4.1　项目背景及结算相关资料整理

任务描述

通过本任务的学习，学生能够：

1. 快速掌握本工程项目背景及相关信息；

2. 熟悉本项目施工合同、设计变更单、图纸、招标工程量清单等相关资料。

任务实施

4.1.1　项目背景

某工程一层附建地下室为地下停车库和配套设备用房，地下室结构体系为框架 – 剪力墙结构，地下室底板顶面绝对标高为 43.25m（相对标高为 –4.1m），室外地坪高度为 –0.45m，非人防区底板厚均为 400mm。基础、底板、基础梁、地下室外墙混凝土强度等级 C35，抗渗等级 P6，地下室墙、柱、梁板楼梯混凝土强度等级 C35，底板垫层混凝土强度等级为 C20，厚度为 100mm，均采用商品混凝土。

地下室结算编制
项目介绍

地上外露结构环境类别为二（a）类，其余地上结构环境类别为一类，地下结构环境类别为二（a）类；基础保护层厚度为 40mm；钢筋采用 HRB500、HRB400 钢筋。结构特征和重要参数见表 4-1-1。

地下车库结构特征和重要参数　　　　　　　　　　　　　表 4-1-1

房屋高度：4.100m	地上层数：　　层	地下层数：1 层
设计使用年限：50 年	抗震设防类别：丙类	场地类别：Ⅱ类
抗震设防烈度：6 度	设计地震分组：第一组	建筑结构安全等级：二级
场地设计特征周期：0.35s	结构阻尼比：0.05	水平地震影响系数：$\alpha_{\max}=0.04$
设计基本地震加速度：0.05g	结构体系：框架 – 剪力墙结构	
耐火等级：一级	人防抗力等级：核 6 常 6	

抗震等级：三级（构造措施四级）
地下室顶板主楼范围及其相邻两跨范围内的抗震等级与主楼底部加强部位的抗震等级相同

基础底板采用外防外贴形式防水（外Ⅱ级防水）做法，具体做法如下（摘自建筑总说明—建筑构造用料做法表）：

（1）楼地面做法详对应构造做法；

（2）钢筋混凝土结构自防水底板，抗渗等级 ≥ P6，混凝土厚度 ≥ 250（详结构设计）；

（3）50mm 厚 C20 细石混凝土保护层；

（4）点粘石油沥青纸胎油毡隔离层；

（5）4mm 厚 SBS 改性沥青防水卷材（Ⅱ型）；

（6）刷基层处理剂一道；

（7）20mm 厚 M5 水泥砂浆找平；

（8）100mm 厚 C20 混凝土垫层；

（9）素土夯实。

本工程采用机械大开挖进行土方施工，根据设计要求，坑底预留 200mm 厚的土层，土壤类别为 3 类土。原设计中垫层出基础边尺寸 100mm，但独基基础侧模采用 120mm 厚黏土标准砖 M5 水泥砂浆砌筑，因此实际现场垫层出基础边由 100mm 变为 120mm。

4.1.2　相关资料

1. 施工合同

工程施工合同详见本教材 2.2.3 部分工程施工合同。

2. 设计变更单

基础修改设计变更单见表 4-1-2。

基础修改设计变更单　　　　　　　　　　表 4-1-2

变更原因：设计变更。

变更内容：
（1）结施 GS-01-64 说明第 2 条 "独立基础、条形基础持力层为全风化板岩、粉质黏土、残积粉质黏土，全风化板岩承载力特征值为 300kPa，粉质黏土承载力特征值为 270kPa，残积粉质黏土承载力特征值为 240kPa，基础进入持力层深度不小于 300mm。" 改为 "独立基础、条形基础持力层可为全风化板岩、粉质黏土、残积粉质黏土，各持力层承载力特征值均为 240kPa，基础进入持力层深度不小于 300mm。"
（2）A-J 轴、A-H 轴 / A-6、A-7、A-8、A-10 轴、A-G 轴 / A-7、A-8 轴，10 个 JC4 变更为 JC3。

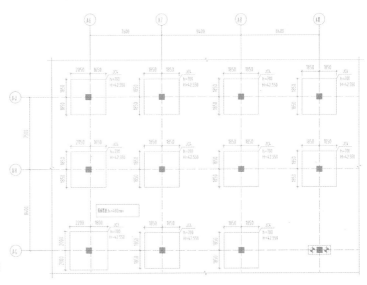

××× 设计有限公司				项目名称	××× 工程	设计号	
						专业	结构
				子　项	地下室工程	日期	20×× 年 ×× 月
设　计	校　对	专业负责人	专业审核人	项目负责人	设计变更通知书	第 1 号	
×××	×××	×××	×××	×××		第 1 页共 1 页	

3. 图纸

原设计施工图（摘录）如下：

（1）相关设计说明（图 4-1-1）

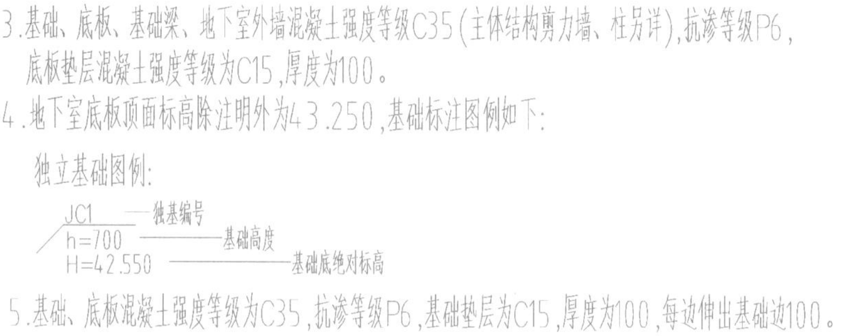

3.基础、底板、基础梁、地下室外墙混凝土强度等级C35(主体结构剪力墙、柱另详),抗渗等级P6,底板垫层混凝土强度等级为C15,厚度为100。

4.地下室底板顶面标高除注明外为43.250,基础标注图例如下:

独立基础图例:

JC1———独基编号
h=700———基础高度
H=42.550———基础底绝对标高

5.基础、底板混凝土强度等级为C35,抗渗等级P6,基础垫层为C15,厚度为100,每边伸出基础边100。

图 4-1-1　原地下室基础设计说明（摘录）

（2）原地下室基础平面图（摘录）（图 4-1-2、图 4-1-3）

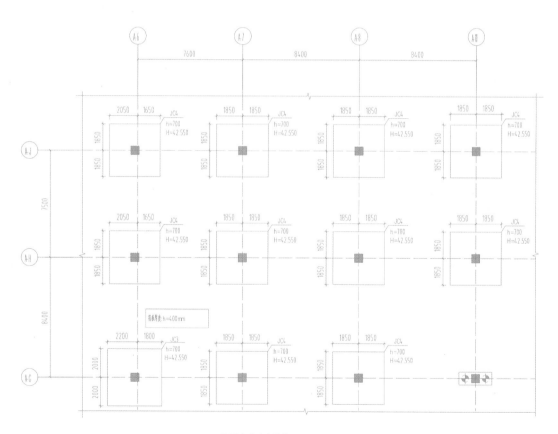

图 4-1-2　原地下室基础平面图（局部）

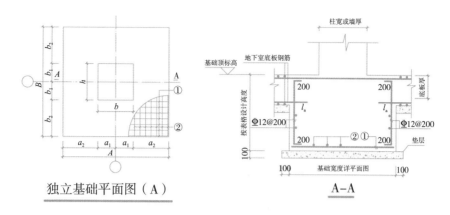

独立基础平面图（A）　　　　　　　　　　A-A

图 4-1-3　独立基础大样图

基础编号	基础类型	平面尺寸						高度	柱截面		配筋		备注
		A	a_1	a_2	B	b_1	b_2	H	b	h	①	②	
JC3	A	4000			4000			700	600	600	Φ16@100	Φ16@100	
JC4	A	3700			3700			700	600	600	Φ16@100	Φ16@100	

独立基础与筏板基础顶面齐平。

大样图图纸说明摘录：当柱下钢筋混凝土独立基础的边长或墙下钢筋混凝土条形基础的宽度大于或等于 2.5m 时（联合基础除外），底板受力钢筋的长度可取边长或宽度的 0.9 倍，并宜交错布置。

独立基础投标文件

4．原清单报价

（1）单位工程投标报价汇总表（表 4-1-3）

单位工程投标报价汇总表

表 4-1-3

工程名称：JC4　　　　　　　　　　标段：　　　　　　　　　　第 1 页 共 1 页

序号	工程内容	计费基础说明	费率（%）	金额（元）	其中：暂估价（元）
一	分部分项工程费	分部分项费用合计		505184.61	
1	直接费			478166.87	
1.1	人工费			87297.25	
1.2	材料费			381686.72	
1.2.1	其中：工程设备费 / 其他	（详见附录 C 说明第 2 条规定计算）			
1.3	机械费			9182.9	
2	管理费		4.65	22234.85	
3	其他管理费	（详见附录 C 说明第 2 条规定计算）	2		
4	利润		1	4781.76	
二	措施项目费	1+2+3		36924.18	
1	单价措施项目费	单价措施项目费合计		5873.6	

序号	工程内容	计费基础说明	费率（%）	金额（元）	其中：暂估价（元）
1.1	直接费			5559.36	
1.1.1	人工费			2421.56	
1.1.2	材料费			3122.93	
1.1.3	机械费			14.87	
1.2	管理费		4.65	258.51	
1.3	利润		1	55.59	
2	总价措施项目费	（按 E.20 总价措施项目计价表计算）		817.69	
3	绿色施工安全防护措施项目费	（按 E.21 绿色施工安全防护措施费计价表计算）	6.25	30232.89	
3.1	其中安全生产费	（按 E.21 绿色施工安全防护措施费计价表计算）	3.29	15914.59	
三	其他项目费	（按 E.23 其他项目计价汇总表计算）		5421.09	
四	税前造价	一＋二＋三		547529.88	
五	销项税额	四	9	49277.69	
单位工程建安造价		四＋五		596807.57	

（2）分部分项工程项目清单与措施项目清单计价表（含定额）（表 4-1-4）

分部分项工程项目清单与措施项目清单计价表　　　　　表 4-1-4

工程名称：JC4　　　　　　　　　　标段：　　　　　　　　　　第 1 页　共 4 页

序号	项目编码	项目名称	项目特征描述	计量单位	工程量	金额（元）		
						综合单价	合价	其中：暂估价
—		整个项目					505184.61	
1	010101004001	挖基坑土方	1. 土壤类别：三类土	m³	82.45	31.28	2579.04	
1.1	A1-4	人工挖槽、坑土方深度 ≤ 2m 坚土	2. 挖土深度：2m 内	100m³	0.24734	9051.76	2238.86	
1.2	A1-48	挖掘机挖一般土方不装车 坚土	3. 场内运距：150m	100m³	0.57712	590.03	340.52	
2	010103001001	回填方	1. 密实度要求：夯填	m³	15.42	26.1	402.46	
2.1	A1-91	人工小型机具夯填土槽、坑	2. 填方材料品种：原土	100m³	0.15421	2610	402.49	
3	010501004001	筏板下独立基础		m³	41.07	684.38	28107.49	
3.1	A5-86 换	现浇混凝土构件 满堂基础 有梁式 换为【商品混凝土（砾石）C35 P6】	1. 混凝土种类：商品混凝土 2. 混凝土强度等级：C35 P6	10m³	4.107	6625.96	27212.82	
3.2	A5-129	现浇混凝土构件 混凝土泵送费 檐高（m 以内）50		10m³	4.107	217.87	894.79	

续表

序号	项目编码	项目名称	项目特征描述	计量单位	工程量	金额（元）		
						综合单价	合价	其中：暂估价
4	010501004002	筏板基础		m³	356.38	684.39	243902.91	
4.1	A5-86 换	现浇混凝土构件 满堂基础 有梁式 换为【商品混凝土（砾石）C35 P6】	1. 混凝土种类：商品混凝土 2. 混凝土强度等级：C35 P6	10m³	35.6384	6625.96	236138.61	
4.2	A5-129	现浇混凝土构件 混凝土泵送费 檐高（m 以内）50		10m³	35.6384	217.87	7764.54	
		本页小计					274991.9	
5	010501001001	垫层—独立基础		m³	15.52	663.71	10300.78	
5.1	A2-10 换	垫层 混凝土 用于独立基础、条形基础、房心回填 人工 ×1.2，机械 ×1.2	1. 混凝土种类：商品混凝土 2. 混凝土强度等级：C20	10m³	1.5524	6635.4	10300.79	
6	010501001002	垫层—筏板基础		m³	74.86	644.53	48249.52	
6.1	A2-10	垫层 混凝土	1. 混凝土种类：商品混凝土 2. 混凝土强度等级：C20	10m³	7.4861	6445.23	48249.64	
7	010515001002	现浇构件钢筋		t	1.228	5943.29	7298.36	
7.1	A5-17	普通钢筋 带肋钢筋 直径（mm）12	1. 钢筋种类、规格：Φ 12	t	1.22776	5944.45	7298.36	
8	010515001001	现浇构件钢筋		t	3.912	5451.63	21326.78	
8.1	A5-19	普通钢筋 带肋钢筋 直径（mm）16	1. 钢筋种类、规格：Φ 16	t	3.9115	5452.33	21326.79	
9	010904001001	筏板底防水—独立基础		m²	181.3	146.79	26613.03	
9.1	A11-4 换	找平层 细石混凝土 30mm 实际厚度（mm）：50	1. 卷材品种、规格、厚度：4 厚 SBS 改性沥青防水卷材（Ⅱ）	100m²	1.813	5224.47	9471.96	
9.2	A8-80 换	地下室底板 改性沥青防水卷材单层 热熔法施工 满堂基础 筏板 大面满铺 换为【SBS 改性沥青聚酯胎防水卷材 4mm】		100m²	1.813	6022.28	10918.39	
		本页小计					113788.47	
9.3	A8-85 换	地下室底 板点粘石油沥青油毡		100m²	1.813	1186.63	2151.36	
9.4	A11-1	找平层 水泥砂浆 混凝土 或硬基层上 20mm		100m²	1.35528	3003.46	4070.53	
10	010904001002	筏板底防水 - 筏板基础		m²	754.06	154.37	116404.24	
10.1	A11-4 换	找平层 细石混凝土 30mm 实际厚度（mm）: 50	1. 卷材品种、规格、厚度：4 厚 SBS 改性沥青防水卷材（Ⅱ）	100m²	7.5406	5224.47	39395.64	
10.2	A8-80 换	地下室底板 改性沥青防水卷材单层 热熔法施工 满堂基础 筏板 大面满铺 换为【SBS 改性沥青聚酯胎防水卷材 4mm】		100m²	7.5406	6022.28	45411.6	

续表

序号	项目编码	项目名称	项目特征描述	计量单位	工程量	金额（元）		
						综合单价	合价	其中：暂估价
10.3	A8-85 换	地下室底 板点粘石油沥青油毡	1. 卷材品种、规格、厚度：4 厚 SBS 改性沥青防水卷材（Ⅱ）	100m²	7.5406	1186.63	8947.9	
10.4	A11-1	找平层 水泥砂浆 混凝土或硬基层上 20mm		100m²	7.5406	3003.46	22647.89	
	二	单价措施费					5873.6	
1	011702001001	垫层模板		m²	15.76	44.39	699.59	
1.1	A19-9	现浇混凝土模板 混凝土基础 垫层 木模板		100m²	0.1576	4439.06	699.6	
		本页小计					117103.83	
2	010401012001	砖胎模	（1）零星砌砖名称、部位：砖胎模（2）砖品种、规格、强度等级：标准砖（3）砂浆强度等级、配合比：水泥砂浆 M2.5	m³	5.26	751.67	3953.78	
2.1	A19-7	现浇混凝土模板 混凝土基础砖模		10m³	0.5264	7510.97	3953.77	
3	011203001001	砖模抹灰		m²	45.77	26.66	1220.23	
3.1	A19-8	现浇混凝土模板 砖模抹灰		100m²	0.45772	2665.56	1220.08	
		本页小计					5174.01	
		合计					511058.21	

注：1. 本表工程量清单项目综合的消耗量标准与综合单价分析表综合的内容应相同；
　　2. 此表用于竣工结算时无暂估价栏。

（3）人工、材料、机械汇总表（表 4-1-5）

人工、材料、机械汇总表　　　　　　　　　　　　　表 4-1-5

工程名称：JC4　　　　　　　　　　　　　　标段：

序号	编码	名称（材料、机械规格型号）	单位	数量	单价（元）	合价（元）	备注
1	H00001	人工费	元	89718.804	1	89718.8	
2	01010300007	螺纹钢筋 HRB400 Φ12	kg	1258.454	4.109	5170.99	
3	01010300009	螺纹钢筋 HRB400 Φ16	kg	4009.288	3.926	15740.46	
4	04010100001	普通硅酸盐水泥（P·O）42.5 级	kg	17248.82	0.516	8900.39	
5	04030500001	中净砂（过筛）	m³	36.933	203.79	7526.58	
6	04050100004	碎石 5～20mm	m³	27.617	173.821	4800.41	

续表

序号	编码	名称（材料、机械规格型号）	单位	数量	单价（元）	合价（元）	备注
7	04130100006	标准砖 240×115×53	m³	4.264	369.16	1574.1	
8	05030100002	杉木锯材	m³	0.079	1830	144.57	
9	13330100002	SBS 改性沥青聚酯胎防水卷材 4mm	m²	1081.276	33	35682.11	
10	13334100001	石油沥青油毡	m²	1081.276	3.28	3546.59	
11	34110100002	水	t	140.627	4.4	618.76	
12	34110200001	电	kWh	91.812	0.62	56.92	
13	35010300002	木模板 2440×1220×15	m²	3.889	26.07	101.39	
14	80210400002	商品混凝土（砾石）C15	m³	91.289	496.89	45360.59	
15	80210400008	商品混凝土（砾石）C35P6	m³	403.416	558.61	225352.21	
16	80010100005	预拌干混地面砂浆 DS M15.0	m³	17.97	589.52	10593.67	
17	80010200002	预拌干混抹灰砂浆 DP M15.0	m³	0.709	398.28	282.38	
18	80010200003	预拌干混抹灰砂浆 DP M20.0	m³	0.309	592.14	182.97	
19	80010300001	预拌干混砌筑砂浆 DM M5.0	m³	1.2	562.15	674.58	
20	J1-35	电动夯实机 夯击能量（N·m）250 小	台班	1.194	26.008	31.05	
21	J1-7	履带式单斗液压挖掘机 斗容量（m³）1 大	台班	0.076	1957.861	148.8	
22	J4-5	载重汽车 装载质量（t）6 中	台班	0.01	461.73	4.62	
23	J6-1	双卧轴式混凝土搅拌机 出料容量（L）350 小	台班	4.677	274.519	1283.93	
24	J6-10	混凝土布料机 小	台班	3.975	155.839	619.46	
25	J6-14	干混砂浆罐式搅拌机 200（L）小	台班	3.068	217.368	666.89	
26	J6-18	混凝土抹平机 功率（kW）5.5 小	台班	1.391	24.122	33.55	
27	J6-6	混凝土汽车式输送泵 输送长度（m）37 大	台班	0.795	4409.431	3505.5	
28	J6-8	混凝土输送泵 输送量（m³/h）45 大	台班	2.782	819.251	2279.16	
29	J7-12	木工圆锯机 直径（mm）500 小	台班	0.026	26.211	0.68	
30	J7-2	钢筋切断机 直径（mm）40 小	台班	0.553	43.967	24.31	
31	J7-3	钢筋弯曲机 直径（mm）40 小	台班	1.168	26.901	31.42	
32	J9-11	直流弧焊机 容量（kV·A）32 小	台班	2.724	93.674	255.17	
33	J9-17	对焊机 容量（kV·A）10 小	台班	0.565	28.437	16.07	
34	J9-40	电焊条烘干箱 容量（cm³）45×35×45 小	台班	0.231	17.627	4.07	
35	JX001	其他机械费	元	319.894	0.92	294.3	
		合计	元			465227.45	

注：招标控制价、投标报价、竣工结算通用表。

任务 4.2　工程量计算

任务描述

利用相关软件建模计算变更后 JC3 挖基础土方、基础垫层 C20、垫层模板、独基 C35/P6、独基砖胎模、独基钢筋、防水等工程量。

任务实施

4.2.1　建模计算出变更前工程量（此处略）

4.2.2　建模计算出变更后工程量

1. 根据结构特征和重要参数表进行"工程设置"

（1）设置工程信息

根据表 4-1-1，设置"工程信息"，见图 4-2-1。框选参数需准确设置，对计算结果有影响。计算规则，见图 4-2-2。

1a独立基础（新建工程、轴网）

图 4-2-1　工程信息

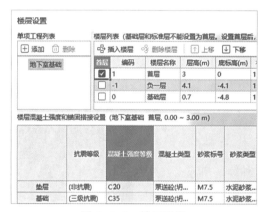

图 4-2-2　计算规则

（2）楼层设置

在"工程设置 – 楼层设置"界面下（图 4-2-3），设置基础层层高为 0.7m；设置基础混凝土强度等级为 C35；设置基础保护层厚度为 40mm（根据图纸说明"地上外露结构环境类别为二（a）类，其余地上结构环境类别为一类，地下结构环境类别为二（a）类"）。

图 4-2-3　楼层设置

（3）钢筋搭接设置

在"工程设置 – 计算设置 – 搭接设置"界面下进行钢筋的搭接设置，搭接设置技巧：直径 14mm 及以下钢筋采用绑扎搭接；直径 16~25mm 的钢筋采用焊接；直径 28mm 及以上钢筋采用机械连接。

2. 定义、布置独立基础 JC3

（1）定义 JC3

建模界面下，依次进入"导航栏 – 基础 – 独立基础"界面，构件列表下，点击"新建"新建独立基础，修改独立基础名称为"JC3"，选中"JC3"点击右键，新建矩形独立基础单元"（底）DJ-1-1"，根据图纸修改相关

1b独立基础（新建工程、轴网）

独立基础定义与绘制

参数，双击"（底）DJ-1-1"，在构件做法下套用清单定额，见图 4-2-4。

构件列表	构件做法

图 4-2-4　定义 JC3

（2）布置独立基础 JC3

按照图纸用点画布置独基，或在"智能布置"下选择"轴线"，框选轴线交点布置独基。

3. 定义绘制筏板基础

筏板基础顶标高同基础层层顶标高，筏板厚度 400mm，绘制范围超过独基布置范围。也可以先绘制筏基，再布置独立基础。

筏基和独基的顶标高均为层顶标高，绘制好的筏基、独基见图 4-2-5。

4. 根据独基位置智能布置垫层

（1）定义垫层

建模界面下，依次点击"导航栏 – 基础 – 垫层"，构件列表下新建点式矩形构件，设置构件属性并套用清单定额，见图 4-2-6。设置顶标高为基础层层底标高，出边 120mm（原设计中垫层出基础边尺寸 100mm，但独基基础侧模采用 120mm 厚黏土标准砖 M5 水泥砂浆砌筑，因此实际现场垫层出基础边由 100mm 变为 120mm）。

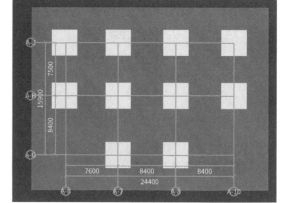

图 4-2-5　筏基和独基平面布置图

筏板的定义与绘制

垫层的定义与绘制

图 4-2-6　定义垫层

（2）智能布置垫层

建模界面下，点击"智能布置"，选择"独基"，框选所有独基后点击右键，软件显示"智能布置成功"。

5. 定义布置砖胎模、独基土方

（1）定义砖胎模

建模界面下，依次点击"导航栏－基础－砖胎模"，构件列表下新建线式砖胎模，设置构件属性并套用清单定额，见图 4-2-7，注意 120mm墙计算厚度为 115mm。

砖胎模的定义与绘制

图 4-2-7　定义砖胎模

（2）布置砖胎模

建模界面下，点击"智能布置"，选择"独基"，框选所有独基后点击右键，软件显示"智能布置成功"，见图 4-2-8、图 4-2-9。

（3）布置基坑土方

"建模"界面下，依次点击"导航栏－基础－独立基础"，点击上方"生成土方"，在弹出的对话框中选择填写相关数据。点击"确定"完成基坑土方的布置（图 4-2-10）。

基坑土方

变更后独立基础

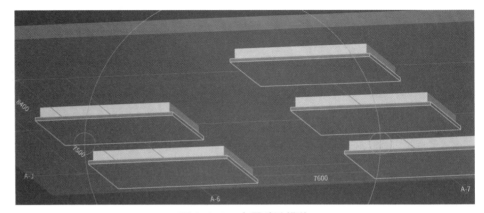

图 4-2-8　布置砖胎模前

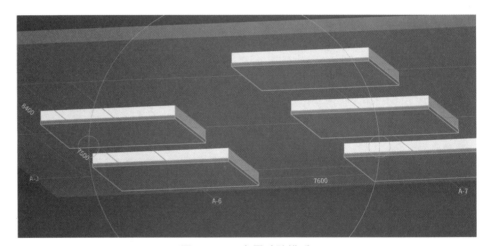

图 4-2-9　布置砖胎模后

图 4-2-10　生成土方

（4）基坑土方定义

建模界面下，依次点击"导航栏 – 土方 – 基坑土方"，双击构件列表下已生成的基坑土方"JK–1"进行基坑土方定义（图 4-2-11）。

图 4-2-11　基坑土方定义

6. 汇总出工程量

（1）钢筋工程量

"工程量"界面下，点击"汇总计算"，勾选基础层，点击"确定"，计算完毕，点击"查看报表"，呈现"钢筋报表量"（默认），选择"钢筋统计汇总表"（表 4-2-1）。

钢筋统计汇总表　　　　　　　　　　　　　　　　表 4-2-1

楼层名称	构件类型	钢筋总重（kg）	HRB400	
			12mm	16mm
基础层	独立基础	5875.28	1304.64	4570.64
全部层汇总	独立基础	5875.28	1304.64	4570.64

底板受力钢筋（除边筋外）的长度取边长的 0.9 倍，并交错布置（图 4-2-12、图 4-2-13）。

图 4-2-12　底板受力钢筋布置横向图

单个基础钢筋计算明细见图4-2-14。

图4-2-13　底板受力钢筋布置纵向图

筋号	直径(mm)	级别	图号	图形	计算公式	公式描述	长度	根数	搭接	单重(kg)	总重(kg)
1 横向底筋.1	16	Φ	1	3920	4000-40-40	净长-保护层-保护层	3920	2	0	6.194	12.388
2 横向底筋.2	16	Φ	1	3600	0.9*4000	0.9*基础底长	3600	38	0	5.688	216.144
3 纵向底筋.1	16	Φ	1	3920	4000-40-40	净长-保护层-保护层	3920	2	0	6.194	12.388
4 纵向底筋.2	16	Φ	1	3600	0.9*4000	0.9*基础底宽	3600	38	0	5.688	216.144
5 封边C12@200	12	Φ	63	200 ⌐564⌐	564+2*200		964	84	0	0.856	71.904
6 箍筋C12@200	12	Φ	195	3896 3896	2*3896+2*3896+2*13.57*d		15910	4	576	14.64	58.56

单构件钢筋总重(kg): 587.528

图4-2-14　单个基础钢筋计算明细

（2）除钢筋外工程量

在工程量汇总计算后，点击"查看报表"，选择"土建报表量"，选择"清单定额汇总表"。变更后工程量汇总表见表4-2-2。

变更后工程量汇总表　　　　　　　　　　　　　　　　　　表4-2-2

编码	项目名称	单位	工程量	表达式说明
绘图输入：基础层				
一、基坑土方				
JK-1				
010101004001	挖基坑土方 1. 土壤类别：三类土 2. 挖土深度：0.5m	m³	93.702	TFTJ< 土方体积 >
A1-4	人工挖槽、坑土方 深度 ≤ 2m 坚土	100m³	0.28111	TFTJ< 土方体积 >×0.3
A1-48	挖掘机挖一般土方 不装车 坚土	100m³	0.28111	TFTJ< 土方体积 >×0.7

续表

编码	项目名称	单位	工程量	表达式说明
010103001001	回填方 原土夯填	m³	16.513	STHTTJ<素土回填体积>
A1-91	人工小型机具夯填土 槽、坑	100m³	0.16513	STHTTJ<素土回填体积>

二、筏板基础

FB-1

010501004002	满堂基础—筏板基础 1. 混凝土种类：商品混凝土 2. 混凝土强度等级：C35 P6	m³	356.384	TJ<体积>
A5-86	现浇混凝土构件 满堂基础 有梁式	10m³	35.6384	TJ<体积>
010904001002	筏板底面卷材防水—筏板基础 卷材品种、规格、厚度：4mm厚SBS改性沥青卷材防水（Ⅱ）	m²	730.96	DBMJ<底部面积>
A8-80	地下室底板 改性沥青防水卷材单层 热熔法施工 满堂基础 筏板 大面满铺	100m²	7.3096	DBMJ<底部面积>
A8-86	点粘石油沥青纸胎油毡隔离层	100m²	7.3096	DBMJ<底部面积>

三、独立基础

DJ-1-1[JC3]

010501004001	满堂基础—独立基础 1. 混凝土种类：商品混凝土 2. 混凝土强度等级：C35 P6	m³	48	TJ<体积>
A5-86	现浇混凝土构件 满堂基础 有梁式	10m³	4.8	TJ<体积>
010904001001	筏板底面卷材防水—独立基础 卷材品种、规格、厚度：4mm厚SBS改性沥青卷材防水（Ⅱ）	m²	208	DMMJ<底面面积>+ CMMJ<侧面面积>
A8-80	地下室底板 改性沥青防水卷材单层 热熔法施工 满堂基础 筏板 大面满铺	100m²	2.08	DMMJ<底面面积>+ CMMJ<侧面面积>
A8-86	点粘石油沥青纸胎油毡隔离层	100m²	2.08	DMMJ<底面面积>+ CMMJ<侧面面积>

四、垫层

DC-1

010501001001	垫层—独立基础 1. 混凝土种类：商品混凝土 2. 混凝土强度等级：C20	m³	17.978	TJ<体积>
A2-10	垫层 混凝土	10m³	1.7978	TJ<体积>
011702001001	垫层模板—独立基础	m²	16.96	MBMJ<模板面积>
A19-9	现浇混凝土模板 混凝土基础 垫层 木模板	100m²	0.1696	MBMJ<模板面积>

DC-2

010501001002	垫层—筏板基础 1. 混凝土种类：商品混凝土 2. 混凝土强度等级：C20	m³	72.4131	TJ<体积>
A2-10	垫层 混凝土	10m³	7.24131	TJ<体积>

五、砖胎模

ZTM-1

续表

编码	项目名称	单位	工程量	表达式说明
010401012001	砖胎模 零星砌砖名称、部位：砖胎模、地下室基础	m³	5.68	TJ< 体积 >
A19-7	现浇混凝土模板 混凝土基础砖模	10m³	0.568	TJ< 体积 >
A19-8	现浇混凝土模板 砖模抹灰	100m²	0.49392	TJ< 体积 >/0.115

实操演练

1. 手工复核原清单报价中表 4-1-4 中的工程量。

2. 手工复核表 4-2-2 中清单工程量和定额工程量。

任务 4.3　工程计价

　任务描述

利用广联达计价软件，计算变更增加造价：

1. 建立结算文件。

2. 依据湖南省住房和城乡建设厅关于印发 2020《湖南省建设工程计价办法》及《湖南省建设工程消耗量标准》的通知（湘建价〔2020〕56 号）、《湖南省房屋建筑与装饰工程消耗量标准（2020 版）》及其统一解释汇编进行套价取费。

3. 依据《长沙建设造价》2021 年 1 月，发布的价格信息进行机械费和材料费的调差。

　任务实施

4.3.1　建立结算文件

1. 建立结算文件

启动"广联达云计价平台"，点击"新建结算"，选择"结算计价"，将原投标文件导入（图 4-3-1）。

2. 修改结算工程量——分部分项

"编制 - 建筑工程 - 分部分项"界面下，输入结算工程量，见图 4-3-2。

工程计价（一）

工程计价（二）

图 4-3-1　新建结算文件

	编码	类别	名称	单位	锁定综合单价	合同工程量	合同单价	★结算工程量	结算合价	量差	量差比例(%)
	−		整个项目						514764.94		
1	+ 010101004001	项	挖基坑土方	m3	☑	82.45	31.28	93.7	2930.94	11.25	13.64
2	+ 010103001001	项	回填方	m3	☑	15.42	26.1	16.51	430.91	1.09	7.07
3	+ 010501004001	项	筏板下独立基础	m3	☑	41.07	684.38	48	32850.24	6.93	16.87
4	+ 010501004002	项	筏板基础	m3	☑	356.38	684.39	[356.38]	243902.91	0	0
5	+ 010501001001	项	垫层—独立基础	m3	☑	15.52	663.71	17.98	11933.51	2.46	15.85
6	+ 010501001002	项	垫层—筏板基础	m3	☑	74.86	644.53	72.41	46670.42	-2.45	-3.27
7	+ 010515001001	项	现浇构件钢筋	t	☑	1.228	5943.29	1.305	7755.99	0.077	6.27
8	+ 010515001001	项	现浇构件钢筋	t	☑	3.912	5451.63	4.571	24919.4	0.659	16.85
9	+ 010904001001	项	筏板底防水—独立基础	m2	☑	181.3	146.79	208	30532.32	26.7	14.73
10	+ 010904001002	项	筏板底防水—筏板基础	m2	☑	754.06	154.37	730.96	112838.3	-23.1	-3.06
11		项	自动提示：请输入清单简称		☑	1	0	[1]	0	0	0

图 4-3-2　输入结算工程量

注：(1) 在该界面上单击右键，在弹出菜单上勾选需要的项目列；
　　(2) 量差比例超过 15%，软件结算工程量会显示为红色。

3. 修改结算工程量——措施项目

在软件中"编制－结算方式"选择"可调措施"进行调整。在单价措施费中输入具体结算工程量。在绿色施工措施项目中调整费率为固定施工费率 4.05，调整后如图 4-3-3 所示。

	序号	类别	名称	单位	组价方式	计算基数	费率(%)	★结算方式	合同工程量	★结算工程量	合同合价	结算合价	量差	量差比例(%)
			措施项目								36924.18	27140.33		
	−		总价措施费								817.69	817.69		
1	011707002001	项	夜间施工增加费	项	计算公式组价			总价包干	1	[1]	0	0		
2	01B001	项	压缩工期措施增加费（招投标）	项	计算公式组价	RGF+JXF+JSCS_RGF+JSCS_JXF	0	总价包干	1	[1]	0	0		
3	011707005001	项	冬雨季施工增加费	项	计算公式组价	FBFXHJ+JSCSF	0.16	总价包干	1	[1]	817.69	817.69		
4	011707007001	项	已完工程及设备保护费	项	计算公式组价			总价包干	1	[1]	0	0		
5	01B002	项	工程定位复测费	项	计算公式组价			总价包干	1	[1]	0	0		
6	01B003	项	专业工程中的有关措施项目费	项	计算公式组价			总价包干	1	[1]	0	0		
	二		单价措施费								5673.6	6339.08		
7	+ 011702001001	项	垫层模板	m2	可计量清单			可调措施	15.76	16.96	699.59	752.85	1.2	7.61
8	+ 010401012001	项	砖胎膜	m3	可计量清单			可调措施	5.26	5.68	3953.78	4269.49	0.42	7.98
9	+ 011203001001	项	砖模抹灰	m2	可计量清单			可调措施	45.77	49.39	1220.23	1316.74	3.62	7.91
	三		绿色施工安全防护措施项目费								30232.89	19983.56		
			绿色施工安全防护措施项目费								30232.89	19983.56		
10	011707001···	项	绿色施工安全防护措施项目费	项	计算公式组价	ZJF+JSCS-SBF-WGMHF	4.05	可调措施	1	[1]	30232.89	19983.56		
11	其中	项	安全生产费	项	计算公式组价	ZJF+JSCS_ZJF-SBF-WGMHF	3.29	可调措施	1	[1]	15914.59	16233.56		
			按工程量计算部分								0	0		
	一		按项计算措施项目费								0	0		
12	01B004	项	智慧管理设备及系统	项	计算公式组价			总价包干	1	[1]	0	0		
13	01B005	项	扬尘喷淋系统	项	计算公式组价			总价包干	1	[1]	0	0		
14	01B006	项	养蓄机	项	计算公式组价			总价包干	1	[1]	0	0		

图 4-3-3　调整措施项目

4.3.2　材料调差

材料调差操作均在"编制 – 建筑工程 – 人材机调整"界面下进行。

（1）设置材差调整风险幅度范围

选择"风险幅度范围"，按照合同设定风险幅度范围，见图 4-3-4。

（2）选择价格差额调整方法

按合同要求选择造价信息价格调整法，见图 4-3-5。

图 4-3-4　风险幅度范围设定

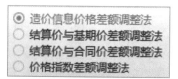

图 4-3-5　选择价格差额调整方法

（3）载入施工当期信息价

选择"材料调差"点击"从人材机汇总中选择"，在弹出的表格中勾选需要调差的材料，点击"确定"；点击"载价"选择"结算单价批量载价"，在弹出的对话框中选择施工当期对应的信息价，勾选"覆盖已调价材料价格"，根据引导完成操作，得到调差结果，价差合计为 1121.85 元，见图 4-3-6。最终调差结果见表 4-3-1。

其中：价差合计 = 调差工程量 × 单位价差

单位价差（当结算单价 > 合同单价时）= 结算不含税单价 – 合同不含税市场价 ×（1+3%）

单位价差（当结算单价 < 合同单价时）= 结算不含税单价 – 合同不含税市场价 ×（1–3%）

其他项目 人材机调整 费用汇总														价差合计:1121.85
	编码	类别	名称	单位	合同数量	调整工程量	★不含税基期价	★结算税率(%)	★结算不含税单价	★风险幅度范围(%)	单价涨/跌幅(%)	单位价差	价差合计	★备注
1	01010300007	材	螺纹钢筋 HRB400 Φ12	kg	1258.454	1337.256	4.109	12.95	4.468	(-3,3)	8.74	0.236	315.59	
2	01010300009	材	螺纹钢筋 HRB400 Φ16	kg	4009.288	4684.906	3.926	12.95	4.294	(-3,3)	9.37	0.25	1171.23	
3	04010100001	材	普通硅酸盐水泥(P·O) 42.5级	kg	17248.82	17320.989	0.516	12.95	0.516	(-3,3)	0	0	0	
4	04030500001	材	中净砂(过筛)	m3	36.933	37.075	203.79	3.6	207.07	(-3,3)	1.61	0	0	
5	04050100004	材	碎石 5mm~20mm	m3	27.617	27.723	173.821	3.6	177.09	(-3,3)	1.88	0	0	
6	04130100006	材	标准砖 240×115×53	m3	4.264	4.601	369.16	13	278.76	(-3,3)	-24.49	-79.325	-364.97	
7	05030100002	材	杉木锯材	m3	0.079	0.085	1830	0	1830	(-3,3)	0	0	0	
8	13330100002	材	SBS改性沥青聚酯胎防水卷材…	m2	1081.276	1085.438	33	13	33	(-3,3)	0	0	0	
9	13334100001	材	石油沥青油毡	m2	1081.276	1085.438	3.28	0	3.28	(-3,3)	0	0	0	
10	34110100002	材	水	t	140.627	142.192	4.4	0	4.4	(-3,3)	0	0	0	
11	34110200001	材	电	kW·h	91.812	93.413	0.62	13	0.62	(-3,3)	0	0	0	
12	68010500001	材	其他材料费	元	11294.328	11522.088	1	0	1	(-3,3)	0	0	0	
13	80210400002	商砼	商品混凝土(碎石) C15	m3	91.289	91.295	496.89	3.6	486.35	(-3,3)	-2.12	0	0	
14	80210400008	商砼	商品混凝土(碎石) C35P6	m3	403.416	410.45	558.61	3.6	548.83	(-3,3)	-1.75	0	0	

图 4-3-6　调差明细表

如：螺纹钢φ12 单位价差 = 4.468–4.109×（1+3%）=0.236 元

螺纹钢φ12 价差合计 =0.236×1337.256=315.59 元

人材机调整明细表

工程名称：JC4 变更为 JC3　　　　　　　　　标段：　　　　　　　　　　　　　　表 4-3-1

序号	名称	单位	合同单价（元）	基期价（元）	结算单价（元）	单位价差（元）	调差工程量	价差合计（元）
一	人工							
二	材料（主材，设备）							1121.85
1	螺纹钢筋 HRB400 φ12	kg	4.109	4.109	4.468	0.236	1337.256	315.59
2	螺纹钢筋 HRB400 φ16	kg	3.926	3.926	4.294	0.25	4684.906	1171.23
3	标准砖 240×115×53	m³	369.16	369.16	278.76	−79.325	4.601	−364.97
三	机械							
				合计				1121.85

4.3.3　费用汇总及报表打印

在"报表–建筑工程"界面下，勾选常用报表，点击"批量导出"，打印完整结算文件呈现如下：

（1）单位工程竣工结算汇总表（表 4-3-2）

单位工程竣工结算汇总表

工程名称：JC4 变更为 JC3　　　　　　　　　标段：　　　　　　　　　表 4-3-2　第 1 页 共 1 页

序号	汇总内容	计算基础	费率（%）	合同金额（元）	结算金额（元）
一	分部分项工程费	分部分项费用合计		505184.61	514764.94
1	直接费			478166.87	487424.45
1.1	人工费			87297.25	88808.39
1.2	材料费			381686.72	389242.41
1.2.1	其中：工程设备费 / 其他	（详见附录 C 说明第 2 条规定计算）			
1.3	机械费			9182.9	9373.65
2	管理费		4.65	22234.85	22665.32
3	其他管理费	（详见附录 C 说明第 2 条规定计算）	2		
4	利润		1	4781.76	4874.36
二	措施项目费	1+2+3		36924.18	27156.41
1	单价措施项目费	单价措施项目费合计		5873.6	6339.08
1.1	直接费			5559.36	5996.85
1.1.1	人工费			2421.56	2611.81

续表

序号	汇总内容	计算基础	费率（%）	合同金额（元）	结算金额（元）
1.1.2	材料费			3122.93	3369.01
1.1.3	机械费			14.87	16.03
1.2	管理费		4.65	258.51	278.86
1.3	利润		1	55.59	59.97
2	总价措施项目费	（按 E.20 总价措施项目计价表计算）		817.69	833.77
3	绿色施工安全防护措施项目费	（按 E.21 绿色施工安全防护措施费计价表计算）	4.05	30232.89	19983.56
3.1	其中安全生产费	（按 E.21 绿色施工安全防护措施费计价表计算）	3.29	15914.59	16233.56
三	其他项目费	（按 E.23 其他项目计价汇总表计算）		5421.09	5419.21
四	税前造价	一＋二＋三		547529.88	547340.56
五	销项税额	四	9	49277.69	42960.65
六	建安工程造价	四＋五		596807.57	596601.21
七	价差取费合计				1222.82
八	工程造价（调差后）				597824.03

注：（1）如无单位工程划分，单项工程也使用本表汇总。

　　（2）根据《湖南省建设工程计价办法（2020 版）》附录 C 表 5，建筑工程绿色施工安全防护措施项目费固定费率为 4.05%，建筑工程绿色施工安全防护措施项目费投标时按总费率计取（建筑工程为 6.25%），结算时分两部分计取：①按固定费率计取（建筑工程为 4.05%）；②工程量计算部分（扬尘控制措施费、场内道路、排水、施工围挡、智慧管理设备及系统）。

实操演练

　　1. 前面价差合计为 1121.85 元（表 4-3-1），为什么在表 4-3-2 中"七、价差取费合计"为 1222.82 元？

　　2. 结算金额较合同金额增加多少元？

　　（2）分部分项合同清单工程量及结算工程量对比表（表 4-3-3）

　　（3）分部分项工程和单价措施项目清单与计价表（表 4-3-4）

分部分项合同清单工程量及结算工程量对比表　　　表 4-3-3

工程名称：JC4 变更为 JC3　　　　　　　　标段：　　　　　　　　　　　　第 1 页 共 1 页

序号	清单编码	清单名称	单位	合同工程量	结算工程量	结算量差	量差比例（%）
1	010101004001	挖基坑土方	m³	82.45	93.7	11.25	13.64
2	010103001001	回填方	m³	15.42	16.51	1.09	7.07
3	010501004001	筏板下独立基础	m³	41.07	48	6.93	16.87
4	010501004002	筏板基础	m³	356.38	356.38		
5	010501001001	垫层—独立基础	m³	15.52	17.98	2.46	15.85
6	010501001002	垫层—筏板基础	m³	74.86	72.41	−2.45	−3.27
7	010515001002	现浇构件钢筋	t	1.228	1.305	0.077	6.27
8	010515001001	现浇构件钢筋	t	3.912	4.571	0.659	16.85
9	010904001001	筏板底防水—独立基础	m²	181.3	208	26.7	14.73
10	010904001002	筏板底防水—筏板基础	m²	754.06	730.96	−23.1	−3.06

分部分项工程和单价措施项目清单与计价表　　　表 4-3-4

工程名称：JC4 变更为 JC3　　　　　　　　标段：

序号	项目编码	项目名称	项目特征描述	计量单位	工程量 合同	工程量 结算	工程量 量差	综合单价（元）	合价（元） 合同	合价（元） 结算	合价（元） 差额
		整个项目							505184.61	514764.94	9580.33
1	010101004001	挖基坑土方	1. 土壤类别：三类土 2. 挖土深度：2m 内 3. 场内运距：150m	m³	82.45	93.7	11.25	31.28	2579.04	2930.94	351.9
2	010103001001	回填方	1. 密实度要求：夯填 2. 填方材料品种：原土	m³	15.42	16.51	1.09	26.1	402.46	430.91	28.45
3	010501004001	筏板下独立基础	1. 混凝土种类：商品混凝土 2. 混凝土强度等级：C35 P6	m³	41.07	48	6.93	684.38	28107.49	32850.24	4742.75
4	010501004002	筏板基础	1. 混凝土种类：商品混凝土 2. 混凝土强度等级：C35 P6	m³	356.38	356.38		684.39	243902.91	243902.91	
5	010501001001	垫层—独立基础	1. 混凝土种类：商品混凝土 2. 混凝土强度等级：C20	m³	15.52	17.98	2.46	663.71	10300.78	11933.51	1632.73

续表

序号	项目编码	项目名称	项目特征描述	计量单位	工程量 合同	工程量 结算	工程量 量差	综合单价（元）	合价（元） 合同	合价（元） 结算	合价（元） 差额
6	010501001002	垫层—筏板基础	1.混凝土种类：商品混凝土 2.混凝土强度等级：C20	m³	74.86	72.41	−2.45	644.53	48249.52	46670.42	−1579.1
7	010515001002	现浇构件钢筋	钢筋种类、规格：⏀12	t	1.228	1.305	0.077	5943.29	7298.36	7755.99	457.63
8	010515001001	现浇构件钢筋	钢筋种类、规格：⏀16	t	3.912	4.571	0.659	5451.63	21326.78	24919.4	3592.62
		小计							362167.34	371394.32	9226.98
9	010904001001	筏板底防水—独立基础	卷材品种、规格、厚度：4mm厚SBS改性沥青防水卷材（Ⅱ）	m²	181.3	208	26.7	146.79	26613.03	30532.32	3919.29
10	010904001002	筏板底防水—筏板基础	卷材品种、规格、厚度：4mm厚SBS改性沥青防水卷材（Ⅱ）	m²	754.06	730.96	−23.1	154.37	116404.24	112838.3	−3565.94
		分部分项合计							505184.61	514764.94	9580.33
		措施项目							5873.6	6339.08	465.48
11	011702001001	垫层模板		m²	15.76	16.96	1.2	44.39	699.59	752.85	53.26
12	010401012001	砖胎模	1.零星砌砖名称、部位：砖胎模 2.砖品种、规格、强度等级：标准砖 3.砂浆强度等级、配合比：水泥砂浆 M2.5	m³	5.26	5.68	0.42	751.67	3953.78	4269.49	315.71
13	011203001001	砖模抹灰		m²	45.77	49.39	3.62	26.66	1220.23	1316.74	96.51
		单价措施合计							5873.6	6339.08	465.48
		本页小计							148890.87	149709.7	818.83
		合计							511058.21	521104.02	10045.81

注：为记取规费等的使用，可在表中增设其中："定额人工费"。

（4）总价措施项目清单与计价表（表4-3-5）

总价措施项目清单与计价表　　　　　　表 4-3-5

工程名称：JC4 变更为 JC3　　　　　　标段：　　　　　　　　第 1 页 共 1 页

序号	项目编码	项目名称	计算基础	费率（%）	合同金额（元）	结算金额（元）	差额（元）	备注
1	011707002001	夜间施工增加费						
2	01B001	压缩工期措施增加费（招投标）	分部分项人工费、机械费 + 技术措施项目人工费、机械费	0				
3	011707005001	冬雨季施工增加费	分部分项合计 + 技术措施项目合计	0.16	817.69	833.77		
4	011707007001	已完工程及设备保护费						
5	01B002	工程定位复测费						
6	01B003	专业工程中的有关措施项目费						
		合计			817.69	833.77		

编制人（造价人员）：　　　　　　　　　　　　　　复核人（造价工程师）：

注：1. "计算基础"中安全文明施工费可为"定额基价""定额人工费"或"定额人工费 + 定额机械费"，其他项目可为"定额人工费"或"定额人工费 + 定额机械费"。

2. 按施工方案计算的措施费，若无"计算基础"和"费率"的数值，也可只填"金额"数值，但应在备注栏说明施工方案出处和计算方法。

3. 根据《湖南省建设工程计价办法（2020 版）》，冬雨季施工增加费按分部分项工程费和单价措施项目费的 1.6‰ 计取。

实操演练

手工复核冬雨季施工增加费 817.69 元计算是否正确？

（5）绿色施工安全防护措施项目费计价表（表 4-3-6）

绿色施工安全防护措施项目费计价表　　　　　表 4-3-6

工程名称：JC4 变更为 JC3　　　　　　标段：　　　　　　　　第 1 页 共 1 页

序号	项目编码	项目名称	计算基础	费率（%）	合同金额（元）	结算金额（元）	差额（元）	备注
1	011707001001	绿色施工安全防护措施项目费	分部分项直接费 + 技术措施项目直接费 – 分部分项设备费 – 分部分项苗木费	4.05	30232.89	19983.56	-10249.33	
2	其中	安全生产费		3.29	15914.59	16233.56	318.97	
		合计			30232.89	19983.56	-10249.33	

编制人（造价人员）：　　　　　　　　　　　　　　复核人（造价工程师）：

注：（1）"计算基础"中安全文明施工费可为"定额基价""定额人工费"或"定额人工费 + 定额机械费"，其他项目可为"定额人工费"或"定额人工费 + 定额机械费"。

（2）按施工方案计算的措施费，若无"计算基础"和"费率"的数值，也可只填"金额"数值，但应在备注栏说明施工方案出处和计算方法。

（6）其他项目清单与计价汇总表（表 4-3-7）

其他项目清单与计价汇总表　　　　　　　表 4-3-7

工程名称：JC4 变更为 JC3　　　　　　　　　　标段：　　　　　　　　　　第 1 页　共 1 页

序号	项目名称	合同金额（元）	结算金额（元）	备注
1	暂列金额			暂列金额应根据工程特点按有关固定估算，但不应超过分部分项工程费的 15%
2	暂估价			
2.1	材料暂估价			
2.2	专业工程暂估价			
2.3	分部分项工程暂估价			
3	计日工			
4	总承包服务费			专业工程服务费可按分部分项工程费的 2% 计算
5	优质工程增加费			
6	安全责任险、环境保护税	5421.09	5419.21	
7	提前竣工措施增加费			
8	索赔签证			
	合　计	5421.09	5419.21	—

注：1. 材料（工程设备）暂估单价计入清单项目综合单价，此处不汇总。

2. 优质工程奖或年度项目考评优良工地按分部分项工程费与措施项目费总额的 1.60% 计取；芙蓉奖按分部分项工程费与措施项目费总额的 2.20% 计取；鲁班工程奖按分部分项工程费与措施项目费总额的 3.0% 计取。同时获得多项的按最高奖项计取。

（7）单位工程人材机汇总表（表 4-3-8）

单位工程人材机汇总表　　　　　　　表 4-3-8

工程名称：JC4 变更为 JC3　　　　　　　　　　标段：　　　　　　　　　　第 1 页　共 1 页

序号	名称	单位	合同单价（元）	合同数量	合同合价（元）	结算数量	结算合价（元）	价差合计（元）	备注
一	人工								
1	人工费	元	1	89718.804	89718.8	91420.205	91420.21		
二	材料（主材，设备）							1121.85	
1	螺纹钢筋 HRB400 Φ12	kg	4.109	1258.454	5170.99	1337.256	5494.78	315.59	
2	螺纹钢筋 HRB400 Φ16	kg	3.926	4009.288	15740.46	4684.906	18392.94	1171.23	
3	单层养护膜	m²	1.1	1005.36	1105.9	1022.889	1125.18		
4	低碳钢焊条 综合	kg	16.8	37.003	621.65	42.302	710.67		

续表

序号	名称	单位	合同单价（元）	合同数量	合同合价（元）	结算数量	结算合价（元）	价差合计（元）	备注
5	圆钉 L50～75	kg	6.5	0.29	1.89	0.312	2.03		
6	镀锌铁丝 $\phi 0.7$	kg	5.01	15.842	79.37	17.911	89.73		
7	镀锌铁丝 $\phi 4.0$	kg	5.01	0.028	0.14	0.031	0.16		
8	普通硅酸盐水泥（P·O）42.5 级	kg	0.516	17248.82	8900.39	17320.989	8937.63		
9	中净砂（过筛）	m³	203.79	36.933	7526.58	37.075	7555.51		
10	碎石 5~20mm	m³	173.821	27.617	4800.41	27.723	4818.84		
11	标准砖 240×115×53	m³	369.16	4.264	1574.1	4.601	1698.51	−364.97	
12	杉木锯材	m³	1830	0.079	144.57	0.085	155.55		
13	醇酸防锈漆 红丹	kg	7.29	2.384	17.38	2.426	17.69		
14	SBS 改性沥青聚酯胎防水卷材 4mm	m²	33	1081.276	35682.11	1085.438	35819.45		
15	石油沥青油毡	m²	3.28	1081.276	3546.59	1085.438	3560.24		
16	隔离剂	kg	1.76	1.576	2.77	1.696	2.98		
17	基层处理剂	kg	6.64	458.326	3043.28	460.09	3055		
18	液化气	kg	9.04	220.745	1995.53	221.595	2003.22		
19	801 胶	kg	1.42	13.35	18.96	14.418	20.47		
20	橡胶压力管	m	27.43	3.577	98.12	3.639	99.82		
21	泵管	m	5.22	5.167	26.97	5.257	27.44		
22	卡箍（泵管用）	个	81.42	2.384	194.11	2.426	197.52		
23	水	t	4.4	140.627	618.76	142.192	625.64		
24	电	kWh	0.62	91.812	56.92	93.413	57.92		
25	木模板 2440×1220×15	m²	26.07	3.889	101.39	4.185	109.1		
26	其他材料费	元	1	11294.328	11294.33	11522.088	11522.09		
27	商品混凝土（砾石）C20	m³	496.89	91.289	45360.59	91.295	45363.57		
28	商品混凝土（砾石）C35 P6	m³	558.61	403.416	225352.21	410.45	229281.47		
29	预拌干混地面砂浆 DS M15.0	m³	589.52	17.97	10593.67	18.042	10636.12		
30	预拌干混抹灰砂浆 DP M15.0	m³	398.28	0.709	282.38	0.766	305.08		
31	预拌干混抹灰砂浆 DP M20.0	m³	592.14	0.309	182.97	0.333	197.18		
32	预拌干混砌筑砂浆 DM M5.0	m³	562.15	1.2	674.58	1.295	727.98		

续表

序号	名称	单位	合同单价（元）	合同数量	合同合价（元）	结算数量	结算合价（元）	价差合计（元）	备注
三	机械								
1	电动夯实机 夯击能量（N·m）250 小	台班	26.008	1.194	31.05	1.279	33.26		
2	履带式单斗液压挖掘机 斗容量（m³）1 大	台班	1957.861	0.076	148.8	0.086	168.38		
3	载重汽车 装载质量（t）6 中	台班	461.73	0.01	4.62	0.011	5.08		
4	双卧轴式混凝土搅拌机 出料容量（L）350 小	台班	274.519	4.677	1283.93	4.695	1288.87		
5	混凝土布料机小	台班	155.839	3.975	619.46	4.044	630.21		
6	干混砂浆罐式搅拌机 200（L）小	台班	217.368	3.068	666.89	3.084	670.36		
7	混凝土抹平机 功率（kW）5.5 小	台班	24.122	1.391	33.55	1.415	34.13		
8	混凝土汽车式输送泵 输送长度（m）37 大	台班	4409.431	0.795	3505.5	0.809	3567.23		
9	混凝土输送泵 输送量（m³/h）45 大	台班	819.251	2.782	2279.16	2.831	2319.3		
10	木工圆锯机 直径（mm）500 小	台班	26.211	0.026	0.68	0.028	0.73		
11	钢筋切断机 直径（mm）40 小	台班	43.967	0.553	24.31	0.633	27.83		
12	钢筋弯曲机 直径（mm）40 小	台班	26.901	1.168	31.42	1.332	35.83		
13	直流弧焊机 容量（kV·A）32 小	台班	93.674	2.724	255.17	3.113	291.61		
14	对焊机 容量（kV·A）10 小	台班	28.437	0.565	16.07	0.647	18.4		
15	电焊条烘干箱 容量（cm³）45×35×45 小	台班	17.627	0.231	4.07	0.265	4.67		
16	其他机械费	元	0.92	319.894	294.3	321.124	295.43		
合计					483727.85	—	493423.04	1121.85	—

任务 4.4　编制完整结算文件

任务描述

依据计量与计价资料，完善最终结算资料，形成完整的结算编制。

任务实施

1. 结算文件封面

> ## ×××工程地下室基础工程
>
> ### 结
> ### 算
> ### 书
>
> ×××有限公司
> 20××年××月××日

2. 结算文件编制说明

> ### 结　算　编　制　说　明
>
> 一、工程名称：长沙市×××工程地下室基础工程。
>
> 二、编制内容：×××工程地下室工程结算。
>
> 三、编制依据：
>
> 1. 建设工程施工合同；
>
> 2. 基础设计变更通知单及基础施工相关图纸；
>
> 3. 招投标文件及工程量清单；

4. 湖南省住房和城乡建设厅关于印发 2020《湖南省建设工程计价办法》及《湖南省建设工程消耗量标准》的通知（湘建价〔2020〕56 号）；

5.《建设工程工程量清单计价规范》GB 50500—2013；

6.《湖南省房屋建筑与装饰工程消耗量标准（2020 版）》及其解释文件；

7. 材料基准价为《长沙建设造价》2020 年 11 月发布的材料预算价格，工程用主要材料设备参照《长沙建设造价》发布的价格 ±3% 不予调整，其他材料设备均不可调整。材料单价参照《长沙建设造价》2021 年元月发布的材料预算价格及市场价（除税价）进行调整。

四、编制结论：

本工程结算总价：原清单报价 596807.57 元，调差后结算造价 597806.33 元，调增金额玖佰玖拾捌元柒角陆分（998.76 元），其中价差调整增加造价壹仟贰佰贰拾贰元捌角贰分（1222.82 元）。

20×× 年 ×× 月 ×× 日

3. 结算文件打印装订成册

结算文件装订顺序：

（1）封面；

（2）编制说明；

（3）相关表格（按表 4-3-2 ~ 表 4-3-8 顺序排列装订）；

（4）编制人员检查后在"编制人"处签字；复核人员检查后在"复核人"处签字；

（5）封面、编制说明及相关表格加盖公章。

项目 5

主体工程结算编制

 思维导图

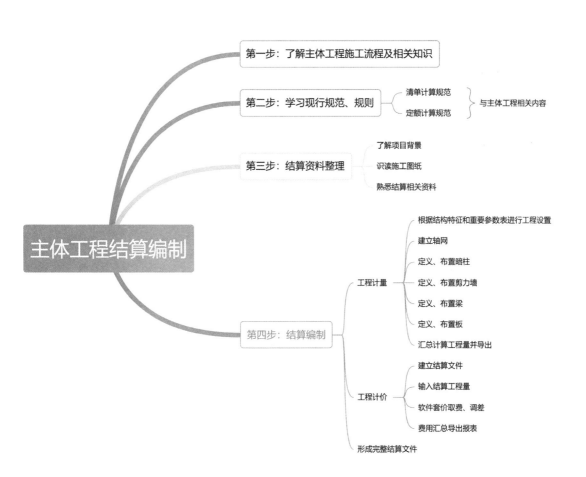

项目描述

本项目主要从某实际案例中由于某根梁发生设计变更,导致结算工程量变化入手,详细介绍了如何正确整理结算相关资料并运用计量与计价软件进行主体工程量的结算编制。通过本项目的学习,学生能够:

1. 正确解读、理解工程结算相关资料,能利用专业软件进行工程建模,并计算出相关构件工程量。

2. 通过运用专业计价软件,进行相关构件的计价并按实际进行价差调整,得出工程结算价。

3. 依据资料,完成主体工程量结算编制,形成相应的结算文件,并为编制过程结算打下坚实的基础。

 知识储备

1. 混凝土及钢筋工程、措施项目的清单项目及其工程量计算规则(见《房屋建筑与装饰工程工程量计算规范》GB 50854—2013)。

2. 混凝土及钢筋工程、措施项目的定额子目及其工程量计算规则(见《湖南省房屋建筑与装饰工程消耗量标准(2020 版)》)。

3.《湖南省建设工程计价办法(2020 版)》。

4. 湘建价〔2020〕56 号文。

任务 5.1　项目背景及结算相关资料整理

任务描述

1. 了解本工程项目背景。

2. 熟悉本项目施工合同、设计变更单、图纸、招标工程量清单等相关资料。

任务实施

5.1.1　项目背景

1. 项目概况

（1）某工程 10 号栋主体工程部分结算编制。该工程为剪力墙结构，地下 1 层，地上 32 层，房屋高度为 98.350m，室外地坪高度为 –0.45m，地上外露结构环境类别为二（a）类，其余地上结构环境类别为一类，地下结构环境类别为二（a）类；钢筋采用 HRB500、HRB400、HRB335 及 HPB300 钢筋。具体工程信息及结构楼层信息、混凝土等级见表 5-1-1、表 5-1-2。

项目背景及相关资料

结构特征和重要参数　　　　　　　　　　　　　　　表 5-1-1

房屋高度：98.350m	地上层数：32 层	地下层数：1 层
设计使用年限：50 年	抗震设防类别：丙类	场地类别：Ⅱ类
抗震设防烈度：6 度	设计地震分组：第一组	结构安全等级：二级
结构体系：剪力墙结构	剪力墙抗震等级：三级	

结构楼层信息表　　　　　　　　　　　　　　　　　表 5-1-2

	层号	楼面标高 H（m）	层高（m）	混凝土强度等级	
				剪力墙	梁、板
	楼屋面	103.250			C25
	屋面	98.350	4.900	C30	C25
	32F	95.350	3.000	C30	C25
	31F	92.350	3.000	C30	C25
	30F	89.350	3.000	C30	C25
构造边缘构件设置区	29F	86.350	3.000	C30	C25
	28F	83.350	3.000	C30	C25
	27F	80.350	3.000	C30	C25
	26F	77.350	3.000	C30	C25
	25F	74.350	3.000	C30	C25
构造边缘构件设置区	24F	71.350	3.000	C30	C25
	23F	68.350	3.000	C30	C25
	22F	65.350	3.000	C30	C25

续表

	层号	楼面标高 H（m）	层高（m）	混凝土强度等级	
				剪力墙	梁、板
构造边缘构件设置区	21F	62.350	3.000	C30	C25
	20F	59.350	3.000	C35	C30
	19F	56.350	3.000	C35	C30
	18F	53.350	3.000	C35	C30
	17F	50.350	3.000	C35	C30
	16F	47.350	3.000	C35	C30
	15F	44.350	3.000	C40	C30
	14F	41.350	3.000	C40	C30
	13F	38.350	3.000	C40	C30
	12F	35.350	3.000	C40	C30
	11F	32.350	3.000	C40	C30
	10F	29.350	3.000	C45	C30
	9F	26.350	3.000	C45	C30
	8F	23.350	3.000	C45	C30
	7F	20.350	3.000	C45	C30
	6F	17.350	3.000	C45	C30
	5F	14.350	3.000	C50	C30
约束边缘构件设置区	4F	11.350	3.000	C50	C30
	3F	8.350	3.000	C50.	C30
	2F	5.350	3.000	C50	C30
	1F	−0.050	5.400	C50	C35
	−1F	−5.900	5.850	C50	

剪力墙底部加强部位

（2）本工程所有混凝土均采用商品混凝土。剪力墙、梁、板混凝土强度等级详见表 5-1-2（结构楼层信息表），圈梁、过梁、构造柱等二次构件混凝土强度等级为 C25，钢筋保护层厚度按 16G101-1 中相关规定施工。

（3）本工程按平面整体表示方法制图，其规则和构造要求按《混凝土结构施工图平面整体表示方法制图规则和构造详图》16G101 系列（项目施工时间为 2021 年，故采用 16G101 图集）。

（4）在签订施工承包合同后进行主体工程施工过程中发生设计变更（2021 年 2 月），将二层至屋面 KL57（1）截面由 200×400 修改为 200×650，配筋不变，由于设计变更导致最终结算发生变化。

思考：梁截面高度增加会导致哪些工程量的变化？

梁截面高度增加会引起以下工程量变化：

（1）梁混凝土工程量增加。

（2）梁模板工程量增加。

（3）梁箍筋工程量增加，梁腹板高度超过 450mm 时同时增设梁中部腰筋，导致梁钢筋工程量增加。

（4）模板超高费用变化。

（5）混凝土泵送费用变化。

工程结算前期需要做大量的准备工作，其中图纸识读的准确性将直接影响工程量计算的准确性。本任务的项目背景均摘自实际工程图纸中建筑总说明与结构总说明，这些信息将会从不同角度影响结算工程量计算是否准确，影响因素见表 5-1-3。因此在用专业计量软件计算工程量时应将以上相关信息准确输入。

工程量影响因素一览表　　　　　　　　　　　　　　表 5-1-3

影响因素	影响结果
结构类型、檐口高度、抗震设防烈度	影响结构抗震等级
结构环境类别	影响混凝土保护层厚度
结构保护层厚度	影响结构钢筋工程量
结构和构件的抗震等级、混凝土强度等级、钢筋级别和直径	影响钢筋锚固长度、搭接长度
设计规范及施工标准图集	影响工程量计算方式及结果
设计室外地坪标高	影响脚手架、土方等工程量

2. 结算方式

本工程据实结算，综合单价按预算审定后单价。本工程采用《房屋建筑与装饰工程工程量计算规范》GB 50854—2013 清单计价规则与《湖南省房屋建筑与装饰工程消耗量标准（2020 版）》。

3. 调差原则

依据《湖南省建设工程造价管理总站关于机械费调整及有关问题的通知》（湘建价市〔2020〕46 号文）和施工期（2021 年 3 月至 2021 年 10 月）当地（长沙市）发布的造价信息平均价调差。

4. 其他

其他洽商、签证等依据合同要求考虑。

5. 资料情况

施工合同及补充协议、设计变更单、竣工图纸、其他相关资料。

5.1.2　相关资料

1. 施工合同

工程施工合同详见本教材 2.2.3 部分工程施工合同。

结算编制前，结算人员应认真研读工程施工合同，对于施工合同及补充协议中涉及结算部分的条款应重点分析。依据合同条款，结算总价具体可拆分为以下几个部分（图 5-1-1）：

结算相关资料
整理

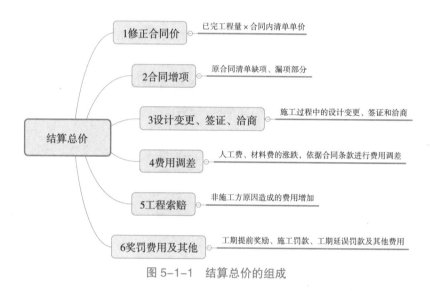

图 5-1-1　结算总价的组成

2. 设计变更单（表 5-1-4）

设计变更单　　　　　　　　　　　　　　　　　　表 5-1-4

变更原因：结构修改。

变更内容：10 号栋二层至屋面 KL57（1）截面尺寸由 200×400 变更为 200×650，配筋不变。

×××设计有限公司				项目名称	××工程	设计号	××
						专业	结构
				子项	10号栋住宅	日期	20××年××月
设计	校对	专业负责人	专业审核人	项目负责人	设计变更通知书	第 2 号	
××	××	××	××	××		第 1 页 共 1 页	

3. 图纸

（1）墙、柱定位图及柱大样图（图 5-1-2、图 5-1-3）

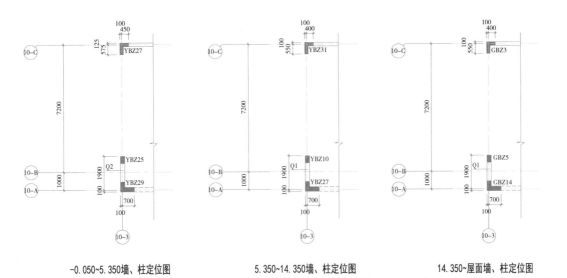

| -0.050~5.350墙、柱定位图 | 5.350~14.350墙、柱定位图 | 14.350~屋面墙、柱定位图 |

图 5-1-2   墙柱定位图

截面	YBZ5截面图	截面	YBZ27截面图	截面	YBZ29截面图
编号	YBZ5	编号	YBZ27	编号	YBZ29
标高	−0.050~5.350	标高	−0.050~5.350	标高	−0.050~5.350
纵筋	8Φ16	纵筋	14Φ14	纵筋	14Φ16
箍筋/拉筋	Φ8@150	箍筋/拉筋	（1）：Φ8@75 其他：Φ8@150	箍筋/拉筋	（1）：Φ8@75 其他：Φ8@150
截面	YBZ10截面图	截面	YBZ27截面图	截面	YBZ31截面图
编号	YBZ10	编号	YBZ27	编号	YBZ31
标高	5.350~14.350	标高	5.350~14.350	标高	5.350~14.350
纵筋	6Φ14	纵筋	（空心）4Φ16+（实心）10Φ14	纵筋	14Φ14
箍筋/拉筋	Φ8@150	箍筋/拉筋	（1）：Φ8@75 其他：Φ8@150	箍筋/拉筋	（1）：Φ8@75 其他：Φ8@150

图 5-1-3   墙、柱大样配筋图

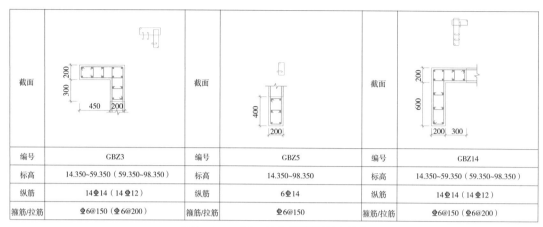

图 5-1-3　墙、柱大样配筋图（续）

截面		截面		截面	
编号	GBZ3	编号	GBZ5	编号	GBZ14
标高	14.350~59.350（59.350~98.350）	标高	14.350~98.350	标高	14.350~59.350（59.350~98.350）
纵筋	14Φ14（14Φ12）	纵筋	6Φ14	纵筋	14Φ14（14Φ12）
箍筋/拉筋	Φ6@150（Φ6@200）	箍筋/拉筋	Φ6@150	箍筋/拉筋	Φ6@150（Φ6@200）

（2）剪力墙墙身表（表 5-1-5）

剪力墙墙身表　　　　　　　　　　　　　　　　　　　　　　　表 5-1-5

墙编号	标高	墙厚（mm）	水平分布筋	垂直分布筋	钢筋排数	拉筋	备注
Q1	−0.050~5.350	200	Φ8@150	Φ10@250	二排	Φ6@500×600 双向布置	
	5.350~14.350	200	Φ8@150	Φ10@250	二排	Φ6@500×600 双向布置	
	14.350~ 屋面	200	Φ8@200	Φ8@200	二排	Φ6@500×600 双向布置	
Q2	−0.050~5.350	250	Φ8@150	Φ10@200	二排	Φ6@500×400 双向布置	

（3）梁有关说明及腰筋配置信息（图 5-1-4）

腰筋配置表

梁腰高	梁宽			
	梁宽 ≤ 200	梁宽 ≤ 300	梁宽 ≤ 400	梁宽 ≤ 500
450 ≤ h_w ≤ 500	2Φ10	2Φ10	2Φ12	2Φ14
500 ≤ h_w ≤ 650	4Φ10	4Φ10	4Φ12	4Φ12
650 ≤ h_w ≤ 850	6Φ10	6Φ10	6Φ12	6Φ12
850 ≤ h_w ≤ 1050	8Φ10	8Φ10	8Φ12	8Φ12
1050< h_w	Φ10@200	Φ10@200	Φ12@200	Φ12@200

说明：
1. 未注明梁顶标高同楼面板高；梁上括号内数字为梁顶标高高差。
2. 主次梁相交处、十字梁或有集中力处，主梁两侧均增加附加箍筋三道，间距 50，箍筋直径及形式同主梁箍筋。
3. 主次梁相交处，主梁箍筋见 16G101-1。
4. 悬挑梁端部封口梁内侧均设加密箍筋 4 根，直径与肢数同跨中，间距 50mm。
5. 梁侧面纵向构造钢筋及拉筋构造见 16G101-1。
6. 框架梁集中标注上部通长筋与原位标注支座负筋直径不同时，可按规定采用搭接连接、机械连接或焊接连接。搭接长度为 l_{lE}。
7. 图中除注明外吊筋为 2Φ12。
8. 未配筋的梁为连梁，配筋见墙、柱表。
9. 梁中预留洞应结合设备专业图纸预留，不得后凿。
10.KLX 与 KLX< 反 > 配筋是对称关系。
11. 一端（A 端）与框架柱内或柱相连，另一端（B 端）与剪力墙平面外或梁相连的 KL，A 端构造同框架梁，B 端构造按非框架梁（仅需在 A 端执行箍筋加密区的加密要求）。
12. 除注明外，梁腰筋按"腰筋配置表"设置。

图 5-1-4　腰筋配置信息

KL57 在变更前截面高度为 400mm，无需配置构造腰筋。在变更后截面高度变为 650mm，扣除本结构中相邻板厚度（120mm 厚），得出腹板高度 500< h_w ≤ 650，梁宽度为 200mm，故变更后配置构造腰筋 4Φ10。截面钢筋示意图见图 5-1-5。

图 5-1-5　截面钢筋示意图

其中，h_w——梁腹板高度，腹板高度 = 梁高 – 板厚；

梁侧面钢筋：配置条件为腹板高度大于等于 450mm。

（4）变更前梁平面图（摘录）（图 5-1-6）

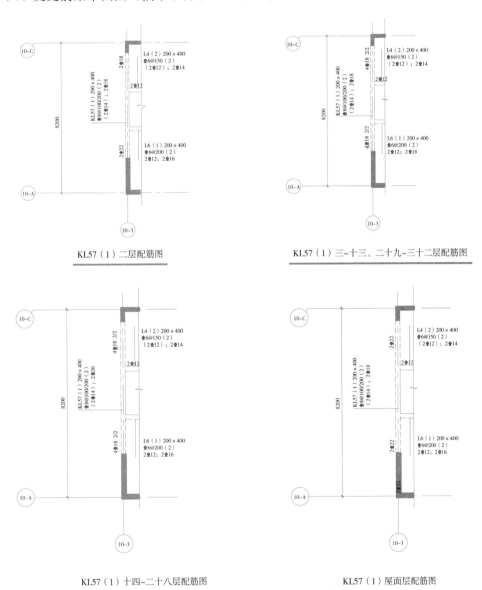

图 5-1-6　变更前梁平面图（局部）

（5）变更后梁平面图（局部）

根据设计变更单、变更前梁平面图（局部）、梁有关说明及腰筋配置表，可绘制出变更后梁平面图（局部）如图 5-1-7 所示。

梁平面位置图见图 5-1-8。

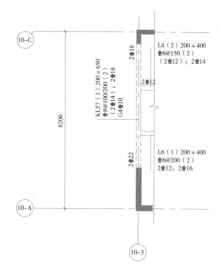

KL57（1）二层配筋图

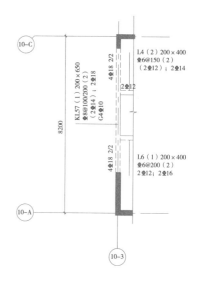

KL57（1）三~十三、二十九~三十二层配筋图

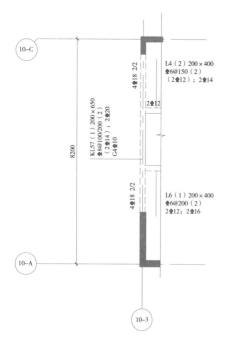

KL57（1）十四~二十八层配筋图

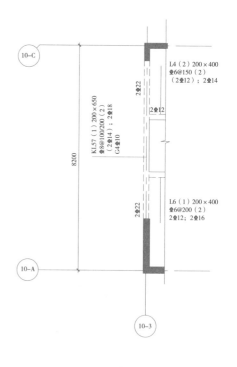

KL57（1）屋面层配筋图

图 5-1-7 变更后梁平面图（局部）

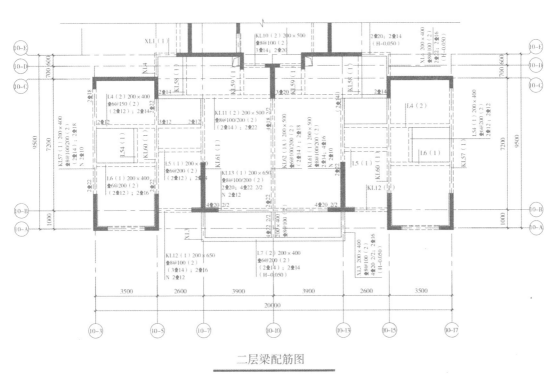

二层梁配筋图

图 5-1-8　梁平面位置图

由图 5-1-8 可见，KL57 在本结构中每层有两根，分别位于⑩-3轴交⑩-A到⑩-C轴处，与⑩-17轴交⑩-A到⑩-C轴处。

（6）板配筋图（摘录）（图 5-1-9）

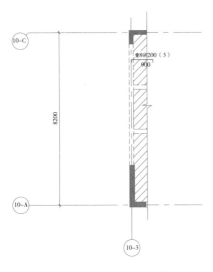

说明：

1. ▨ 填充位置板厚 h=120mm。

2.板顶标高同楼面标高。

3. ▨ 填充位置板底钢筋为Φ8@200。

4.板负筋所标长度为梁边或墙边至直钩的长度。

二层~屋面层板配筋图

图 5-1-9　板配筋图

4. 原清单报价

节选变更前 KL57（1）相关清单报价，清单量为二层至屋面层梁的工程量，具体内容如下：

（1）分部分项工程项目清单与措施项目清单计价表（含定额）（表 5-1-6）

主体工程投标文件

分部分项工程项目清单与措施项目清单计价表　　　　　表 5-1-6

工程名称：主体工程　　　　　　　　　　　　标段：　　　　　　　　　　　第 1 页共 1 页

序号	项目编码	项目名称	项目特征描述	计量单位	工程量	金额（元）		
						综合单价	合价	其中：暂估价
		混凝土工程					19489.07	
1	010505001001	有梁板		m³	11.96	650.89	7784.64	
1.1	A5-104 换	现浇混凝土构件有梁板换为【商品混凝土（砾石）C25】	1. 混凝土种类：商品混凝土 2. 混凝土强度等级：C25 3. 输送方式：泵送 100m	10m³	1.196	6287.85	7520.27	
1.2	A5-130	现浇混凝土构件混凝土泵送费檐高（m 以内）100		10m³	1.196	221.06	264.39	
2	010505001002	有梁板		m³	17.48	669.59	11704.43	
2.1	A5-104	现浇混凝土构件有梁板	1. 混凝土种类：商品混凝土 2. 混凝土强度等级：C30 3. 输送方式：泵送 100m	10m³	1.748	6474.87	11318.07	
2.2	A5-130	现浇混凝土构件混凝土泵送费檐高（m 以内）100		10m³	1.748	221.06	386.41	
		钢筋工程					35917.07	
1	010515001001	现浇构件钢筋		t	0	7044.28	0	
1.1	A5-1	普通钢筋圆钢直径（mm）6	钢筋种类、规格：Φ6	t	0	7044.28	0	
2	010515001002	现浇构件钢筋		t	1.507	6086.03	9171.65	
2.1	A5-15	普通钢筋带肋钢筋直径（mm）8	钢筋种类、规格：Φ8	t	1.507	6086.03	9171.65	
3	010515001003	现浇构件钢筋		t	0	5808.22	0	
3.1	A5-16	普通钢筋带肋钢筋直径（mm）10	钢筋种类、规格：Φ10	t	0	5808.22	0	
4	010515001004	现浇构件钢筋		t	0.343	5621.25	1928.09	
4.1	A5-18	普通钢筋带肋钢筋直径（mm）14	钢筋种类、规格：Φ14	t	0.343	5621.25	1928.09	
5	010515001005	现浇构件钢筋		t	3.399	5248.21	17838.67	
5.1	A5-20	普通钢筋带肋钢筋直径（mm）18	钢筋种类、规格：Φ18	t	3.399	5248.21	17838.67	

续表

序号	项目编码	项目名称	项目特征描述	计量单位	工程量	金额（元）		
						综合单价	合价	其中：暂估价
6	010515001006	现浇构件钢筋	钢筋种类、规格：Φ20	t	1.107	5181.38	5735.79	
6.1	A5-21	普通钢筋带肋钢筋直径（mm）20		t	1.107	5181.38	5735.79	
7	010515001007	现浇构件钢筋	钢筋种类、规格：Φ22	t	0.101	5101.88	515.29	
7.1	A5-22	普通钢筋带肋钢筋直径（mm）22		t	0.101	5101.89	515.29	
8	010515001008	现浇构件钢筋	钢筋种类、规格：Φ25	t	0.144	5052.64	727.58	
8.1	A5-23	普通钢筋带肋钢筋直径（mm）25		t	0.144	5052.61	727.58	
二		单价措施费					22494.56	
1	011702014001	有梁板	支撑高度3.0m	m²	306.78	70.61	21661.74	
1.1	A19-36	现浇混凝土模板有梁板木模板钢支撑		100m²	3.0678	7060.61	21660.54	
2	011702014002	有梁板	支撑高度5.4m	m²	9.85	84.55	832.82	
2.1	A19-36	现浇混凝土模板有梁板木模板钢支撑		100m²	0.0985	7060.61	695.47	
2.2	A19-29换	现浇混凝土模板梁支撑高度超过3.6m每超过1m钢支撑单价×2		100m²	0.0985	1394.09	137.32	
		合计					77900.7	

（2）人工、材料、机械汇总表（表5-1-7）

人工、材料、机械汇总表　　　　　　　　　　　表5-1-7

工程名称：主体工程　　　　　　　　　　　标段：　　　　　　　　　　　第1页共1页

序号	编码	名称（材料、机械规格型号）	单位	数量	单价（元）	合价（元）	备注
1	H00001	人工费	元	21957.078	1	21957.08	
2	01010300005	螺纹钢筋 HRB400 Φ8	kg	1537.14	3.988	6130.11	
3	01010300008	螺纹钢筋 HRB400 Φ14	kg	351.575	4.063	1428.45	
4	01010300010	螺纹钢筋 HRB400 Φ18	kg	3483.975	3.907	13611.89	
5	01010300011	螺纹钢筋 HRB400 Φ20	kg	1134.675	3.907	4433.18	
6	01010300012	螺纹钢筋 HRB400 Φ22	kg	103.525	3.907	404.47	
7	01010300013	螺纹钢筋 HRB400 Φ25	kg	147.6	3.907	576.67	

续表

序号	编码	名称（材料、机械规格型号）	单位	数量	单价（元）	合价（元）	备注
8	02090300001	单层养护膜	m²	146.461	1.1	161.11	
9	03130100019	低碳钢焊条 综合	kg	48.425	6.02	291.52	
10	03210100040	圆钉 L50～75	kg	3.638	6.5	23.65	
11	03210700004	镀锌铁丝 φ0.7	kg	25.432	5.35	136.06	
12	03210700013	镀锌铁丝 φ4.0	kg	0.57	5.35	3.05	
13	05030100002	杉木锯材	m³	0.928	1830	1698.24	
14	13050300002	醇酸防锈漆 红丹	kg	1.472	12.43	18.3	
15	13371100001	土工布	m²	14.646	6.86	100.47	
16	14353500012	隔离剂	kg	31.663	4.51	142.8	
17	14430300015	塑料粘胶带 20mm×50m	卷	12.665	2.75	34.83	
18	17270100007	橡胶压力管	m	0.471	27.43	12.92	
19	17310100003	泵管	m	0.677	5.22	3.53	
20	18250300034	卡箍（泵管用）	个	0.324	81.42	26.38	
21	34091900023	固定底座	个·月	242.855	0.44	106.86	
22	34091900024	可调托座	个·月	242.855	0.89	216.14	
23	34110100002	水	t	10.309	4.4	45.36	
24	34110200001	电	kWh	11.128	0.62	6.9	
25	35010300002	木模板 2440mm×1220mm×15 mm	m²	78.128	26.07	2036.8	
26	88010100002	钢管使用费	t·月	8.336	75	625.2	
27	88010100003	扣件使用费	个·月	1828.885	0.2	365.78	
28	88010500001	其他材料费	元	1523.235	1	1523.24	
29	80210400004	商品混凝土（砾石）C25	m³	12.139	520.9	6323.21	
30	80210400005	商品混凝土（砾石）C30	m³	17.742	538.34	9551.23	
31	J3-19	汽车式起重机 提升质量（t）8 大	台班	0.374	887.046	331.76	
32	J4-5	载重汽车 装载质量（t）6 中	台班	1.214	461.73	560.54	
33	J6-10	混凝土布料机小	台班	0.295	155.839	45.97	
34	J6-18	混凝土抹平机 功率（kW）5.5 小	台班	0.324	24.122	7.82	
35	J6-6	混凝土汽车式输送泵 输送长度（m）37 大	台班	0.035	4409.431	154.33	
36	J6-8	混凝土输送泵 输送量（m³/h）45 大	台班	0.295	819.251	241.68	
37	J7-1	钢筋调直机 直径（mm）14 小	台班	0.407	39.661	16.14	
38	J7-12	木工圆锯机 直径（mm）500 小	台班	0.133	26.211	3.49	
39	J7-2	钢筋切断机 直径（mm）40 小	台班	0.722	43.967	31.74	
40	J7-3	钢筋弯曲机 直径（mm）40 小	台班	2.263	26.901	60.88	
41	J9-11	直流弧焊机 容量（kV·A）32 小	台班	2.548	93.674	238.68	
42	J9-14	点焊机 容量（kV·A）75 小	台班	0.196	140.88	27.61	
43	J9-17	对焊机 容量（kV·A）10 小	台班	0.47	28.437	13.37	

续表

序号	编码	名称（材料、机械规格型号）	单位	数量	单价（元）	合价（元）	备注
44	J9-40	电焊条烘干箱 容量（cm³） 45×35×45 小	台班	0.222	17.627	3.91	
		合计	元			73733.35	

（3）单位工程投标报价汇总表（表 5-1-8）

单位工程投标报价汇总表　　　　　　　　　表 5-1-8

工程名称：主体工程　　　　　　　标段：　　　　　　　第 1 页共 1 页

序号	工程内容	计费基础说明	费率（%）	金额（元）	其中：暂估价（元）
一	分部分项工程费	分部分项费用合计		55406.14	
1	直接费			52443.11	
1.1	人工费			6997.45	
1.2	材料费			44602.78	
1.2.1	其中：工程设备费/其他	（详见附录 C 说明第 2 条规定计算）			
1.3	机械费			842.88	
2	管理费		4.65	2438.62	
3	其他管理费	（详见附录 C 说明第 2 条规定计算）	2		
4	利润		1	524.46	
二	措施项目费	1+2+3		27227.55	
1	单价措施项目费	单价措施项目费合计		22494.56	
1.1	直接费			21290.42	
1.1.1	人工费			14959.62	
1.1.2	材料费			5435.38	
1.1.3	机械费			895.42	
1.2	管理费		4.65	990	
1.3	利润		1	212.9	
2	总价措施项目费	（按 E.20 总价措施项目计价表计算）		124.64	
3	绿色施工安全防护措施项目费	（按 E.21 绿色施工安全防护措施费计价表计算）	6.25	4608.35	
3.1	其中安全生产费	（按 E.21 绿色施工安全防护措施费计价表计算）	3.29	2425.83	
三	其他项目费	（按 E.23 其他项目计价汇总表计算）		826.34	
四	税前造价	一+二+三		83460.03	
五	销项税额	四	9	7511.4	
	单位工程建安造价	四+五		90971.43	

（1）垂直运输费及超高增加费需根据实际工程建筑高度、建筑面积进行计算，当建筑物檐口高度超过 20m 时，应计算超高增加费。由于本案例主要讲述 KL57 单根梁的结算与审核，为突出重点，暂不考虑垂直运输费及超高增加费。

（2）实际工程中涉及钢筋接头个数及费用，由于本案例主要讲述 KL57 单根梁的结算与审核，为突出重点，暂不考虑钢筋接头的费用。

（3）此任务为某实际案例中某根梁发生设计变更，变更前虽此类型梁中 HPB300 直径为 6mm 的钢筋与 HRB400 直径为 10mm 的钢筋工程量为 0，但在整个项目中存在这两种类型的钢筋，因此投标报价中有这两类型钢筋的综合单价，故在《分部分项工程项目清单与措施项目清单计价表》中给出综合单价。

任务 5.2　工程量计算

任务描述

通过运用专业算量软件 GTJ2021 建模，计算变更后二层至屋面层 KL57 的混凝土、模板、钢筋等工程量：

1. 根据结构特征和重要参数表设置"工程信息"；
2. 依据楼层表设置楼层，并修改混凝土强度；
3. 依据设计总说明设置钢筋搭接形式以及定尺长度；
4. 设置轴网，定义、布置出此区域的暗柱及剪力墙；
5. 定义并绘制 KL57 及与之相交的次梁；
6. 绘制与梁接触的板；
7. 汇总出工程量。

任务实施

1. 根据结构特征和重要参数表设置"工程信息"

（1）建模计算出变更前 KL57 的工程量（此处略）

（2）建模计算出变更后 KL57 的工程量

依据项目背景，对本工程进行工程放置。设置内容包括基本设置、土建设置和钢筋设置，其中基本设置又分为工程信息设置和楼层设置。

根据表 5-1-1，对本工程的基本信息进行放置，见图 5-2-1。

工程量计算
（新建工程）

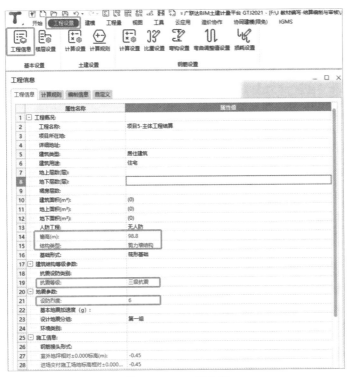

图 5-2-1 工程信息

本工程计算规则设置如下：

清单规则采用《房屋建筑与装饰工程工程量计算规范》GB 50854—2013；定额规则采用《湖南省房屋建筑与装饰工程消耗量标准（2020 版）》；平法规则采用 16G101 系列图集。钢筋汇总方式采用按照钢筋图示尺寸即外皮汇总，不计钢筋损耗。

知识链接

①檐高、设防烈度将影响抗震等级的计算，需按实填写。抗震等级将影响钢筋的锚固长度和搭接长度，从而影响钢筋用量（图 5-2-2）。

②檐高自室外地坪至结构屋面高度，本工程檐口高度为：0.45+98.35=98.8m。

③钢筋汇总方式：按外皮计算工程量 > 按中心线计算工程量，不同地区具体采用哪种计算方式需参考当地文件规定，湖南地区按外皮长度计算。

④从 2022 年 9 月 1 日起，22G101 图集逐步取代 16G101 图集，但此实际案例发生于 2020—2021 年，故采用图集为 16G101。

2. 依据楼层表设置楼层，并修改混凝土强度

依据梁平面图、墙柱配筋图（图 5-1-2 ~ 图 5-1-7、表 5-1-5）、层高表（表 5-1-2）对本工程楼层表进行划分，具体划分见表 5-2-1。修改构件抗震等级、混凝土强度及保护层厚度等信息（图 5-2-3）。

依据表 5-2-1，在建模时可以划分为以下楼层：-1 层、1 层、2~4 层、5 层、6~10 层、11~12 层、13~15 层、16~19 层、20 层、21~27 层、28~31 层、32 层、屋面层。在"工程设置 - 楼层设置"界面下，进行楼层设置，输入相应楼层层高，本项目基础为 2000mm 厚筏板基础，设置基础层层高为 2m。修改构件抗震等级，并设置构件的混凝土强度等级和保护层厚度（根据图纸说明"其余地上结构环境类别为一类"，板、墙保护层厚度 15mm，梁、柱保护层厚度 20mm）等信息（图 5-2-3）。

```
┌─────────────────────────────────────────┐
│              钢筋工程量计算                 │
│                                           │
│  钢筋重量=钢筋长度×钢筋根数×理论重量        │
│  钢筋长度=钢筋净长+锚固长度+搭接长度+弯钩长度（一级钢）│
└─────────────────────────────────────────┘
        │              │              │
   ┌────────┐    ┌────────┐    ┌──────────────┐
   │混凝土等级│    │ 抗震等级 │    │钢筋级别、直径 │
   └────────┘    └────────┘    └──────────────┘
                      │
         ┌──────────────────────────────┐
         │结构类型、抗震设防烈度、檐口高度 │
         └──────────────────────────────┘
```

图 5-2-2　钢筋计算影响因素

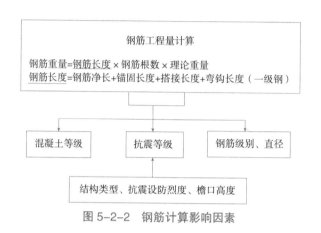

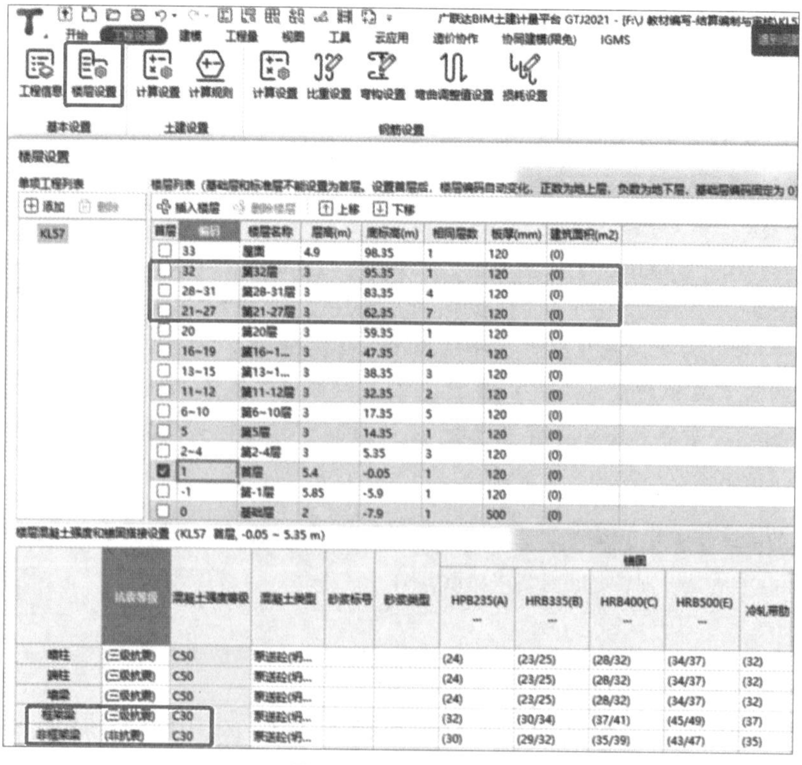

图 5-2-3　楼层信息

楼层划分表 　　　　　　　　　　　　表 5-2-1

划分因素	划分楼层					
墙柱	−1 层（基础顶 ~−0.050 墙、柱大样图）	1 层（−0.050~5.350 墙、柱大样图）	2~4 层（5.350~14.350 墙、柱大样图）	5~19 层（14.350~59.350 墙、柱大样图）	20~32 层（59.350~98.350 墙、柱大样图）	屋面层（屋面层墙、柱大样图）
梁	1 层（2 层梁配筋图）	2~12 层（3~13 层梁配筋图）	13~27 层（14~28 层梁配筋图）	28~31 层（29~32 层梁配筋图）	32 层（屋面层梁配筋图）	
剪力墙	1 层（−0.050~5.350 墙身表）	2~4 层（5.350~14.350 墙身表）	5~屋面层（14.350~屋面层 墙身表）			
构件混凝土强度等级	−1 层（剪力墙 C50 梁、板 C35）	1~5 层（剪力墙 C50 梁、板 C30）	6~10 层（剪力墙 C45 梁、板 C30）	11~15 层（剪力墙 C40 梁、板 C30）	16~19 层（剪力墙 C35 梁、板 C30）	20 层（剪力墙 C35 梁、板 C25）｜21~屋面层（剪力墙 C30 梁、板 C25）

关于混凝土泵送费，湖南省 2020 定额将混凝土泵送费依据建筑檐口高度分为 50m 以内、50~100m、100~120m、120~140m，并根据不同檐口高度套用相应消耗量标准。该建筑物檐口高度在 100m 以内，且只有一个檐口高度，故直接套用 50~100m 的泵送费定额。

项目实践中须注意：

1）楼层信息表中所给出的标高均为楼面标高，各层的层号也均按楼面位置进行统计。墙柱、梁、板定位图中层号也均为楼面位置处高度，如 −0.050~5.350 墙柱定位图实为首层处柱高，软件中绘制在首层，2 层梁配筋图实为首层层顶标高，软件中同样应绘制在首层。

2）依据结构图纸进行划分，该工程地上部分依次给出了 −1 层（基础顶 ~−0.050）、首层（−0.050~5.350）、2~4 层（5.350~14.350）、5~19 层（14.350~59.350）、20~32 层（59.350~98.350）、屋面层墙柱定位图以及 2 层（首层层顶）、3~13 层（2~12 层层顶）、14~28 层（13~27 层层顶）、29~32 层（28~31 层层顶）以及屋面层的梁配筋图，新建楼层可按照以上方式进行划分标准层为：−1 层、1 层、2 层、3~4 层、5~13 层、14~19 层、20~28 层、29~32 层、屋面层。

3）依据楼层信息（表 2-5-2）可知，2~20 层（楼面标高）梁、板混凝土等级为 C30，21 层 ~ 屋面（楼面标高）梁、板混凝土等级为 C25，20 层（楼面标高）实际为楼层表中第 19 层（层顶标高），21 层（楼面标高）实际为楼层表中第 20 层（层顶标高），此处两层梁混凝土等级发生变化，为方便统一设置构件混凝土强度等级，可在新建楼层时将 19 层与 20 层分开。

4）楼层设置时，相邻楼层层高、配筋等信息相同可一同设置，修改相同层数数量，按标准层处理即可。

5）抗震等级中不抗震的构件为：垫层、基础、非框架梁、现浇板、楼梯、构造柱、圈梁、过梁。

6）修改混凝土等级，其中暗柱、端柱、墙梁的混凝土等级均与剪力墙混凝土等级相同。

思考：混凝土泵送费、现浇混凝土模板超高费、超高增加费有什么区别？

（1）混凝土泵送费：商品混凝土采用泵送施工时，执行"混凝土泵送费"项目。混凝土泵送费，根据不同檐口高度套用相应消耗量标准，消耗量标准已综合考虑现场采用固定泵及泵车结合施工的情况。

（2）现浇混凝土模板超高费：现浇混凝土梁、板、柱、墙项目模板是按支模高度 3.6m 编制的，超过 3.6m 且小于等于 6.6m 时按相应超高增加费项目计算模板超高费用。当混凝土梁、板支模高度 ≥ 6.6m 时，模板按 3.6m 项目执行，需另外计算支架费用。

（3）超高增加费：当建筑物檐口高度超过 20m 时，需计算超高增加费。

3. 依据设计总说明设置钢筋搭接形式以及定尺长度、比重设置

钢筋搭接形式以及定尺长度将影响钢筋工程量，竖向构件如柱、墙纵筋直径 14mm 及以下采用绑扎搭接；16~25mm 宜采用电渣压力焊连接，直径 28mm 及以上钢筋采用机械连接。定尺长度依据施工现场情况以及各省市要求进行设置，湖南地区定尺长度一般为 9m。在"工程设置 – 计算设置 – 搭接设置"界面下进行钢筋连接形式及定尺长度修改。修改"钢筋设置 – 比重设置"中直径为 6mm 的钢筋比重为 0.26kg/m。

4. 设置轴网，定义、布置出此区域的暗柱及剪力墙

（1）依据图纸在广联达软件中绘制轴网

依据柱平面布置图，在软件"建模 – 轴线 – 轴网 – 新建"栏中"新建正交轴网"，在轴网定义界面输入轴距、修改轴号，单击"添加"按钮，完成轴网的建立。

（2）定义暗柱 YBZ5、YBZ27、YBZ29、YBZ10、YBZ31、GBZ3、GBZ5、GBZ14

建模界面下，选择对应楼层，依次点击"导航栏 – 柱 – 柱"，构件列表下点击"新建"新建异形柱（也可通过新建参数化柱 – 选择参数化截面类型 – 修改钢筋的方式设置构件），依据柱配筋图设置网格尺寸，点击"设置网格"水平方向间距为"600，200"，垂直方向间距为"200，300"，绘制柱外形并确定，修改暗柱名称为"YBZ27"，点击截面编辑，依据图纸设置纵筋为"4 Φ 16+10 Φ 14"，箍筋为"Φ8@75 和Φ 8@150"，由于此处计算梁的工程量，因此柱可先不套用清单定额，按同样方法定义其余暗柱 YBZ5、YBZ29、YBZ10、YBZ31、GBZ3、GBZ5、GBZ14。

工程量计算（设置轴网、定义柱墙）

（3）布置暗柱

按照墙柱定位图在不同楼层依次用点画布置暗柱（图 5-2-4）。

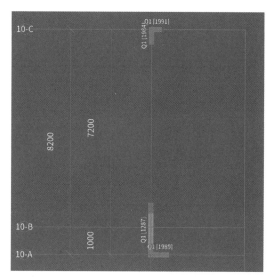

图 5-2-4　绘制完暗柱、剪力墙后的图形

（4）定义剪力墙 Q1、Q2

建模界面下，依次点击"导航栏－墙－剪力墙"，构件列表下，点击"新建"新建外墙，修改剪力墙名称为"Q1"，按照剪力墙表设置厚度为"200"，水平分布筋"（2）ϕ 8@150"，垂直分布筋"（2）ϕ10@250"，拉筋"ϕ6@500×600"矩形布置并设置墙起始标高，由于此处计算梁的工程量，因此剪力墙可先不套用清单定额，按同样方法定义 Q2。

思考：

1. 剪力墙拉筋布置类型有哪些？不同类型是否影响工程量？

剪力墙拉筋布置类型分为矩形布置和梅花形布置两种，布置方式可在工程设置－钢筋设置－计算设置－节点设置－剪力墙－第 33 条"剪力墙身拉筋布置构造"中选择，不同布置方式会影响钢筋工程量。

2. 若此处误将外墙设置为内墙，是否对工程量有影响？

剪力墙设置时一定要注意区分内墙、外墙，内外墙设置错误将会影响脚手架、模板等工程量。

（5）布置剪力墙

按照图纸在不同楼层依次用直线绘制剪力墙。剪力墙和暗柱为梁的支座，梁的钢筋要锚固在支座中，因此先绘制暗柱及剪力墙再绘制梁。其中暗柱属于剪力墙的一部分，绘制剪力墙时绘制到暗柱端，包裹住暗柱，否则将影响工程量。

5. 定义并绘制 KL57 及与之相交的次梁

（1）定义 KL57

梁的钢筋信息包括集中标注与原位标注，下面以变更后 3 层梁配筋图中 KL57 为例（具体配筋图见图 5-1-7），对梁配筋表示方法进行解析（表 5-2-2）：

工程量计算
（KL57 绘制）

梁配筋表示方法　　　　　　　　　　　　　　　　　　表 5-2-2

集中标注	KL57（1）200×650	表示 57 号框架梁，一跨，截面宽 200mm，截面高 650mm
	Φ8@100/200（2）	表示箍筋为直径为 8mm 的 HRB400 钢筋，加密区间距 100mm，非加密区间距 200mm，双肢箍
	（2Φ14）；2Φ18	（2Φ14）表示上部 2 根直径为 14mm 的 HRB400 钢筋，架立筋，不伸入支座。2Φ18 表示下部 2 根直径为 18mm 的 HRB400 钢筋，通长布置
	G4Φ10	表示梁的侧面设置 4 根直径为 10mm 的 HRB400 钢筋，构造钢筋，每侧各 2 根
原位标注	两端支座处 4Φ18 2/2	表示梁的支座处有 4 根直径为 18mm 的 HRB400 钢筋，分两排布置，其中上排 2 根，下排 2 根，均为支座负筋
	附加箍筋 6Φ8（2）	表示主次梁相交处增加 6 个直径为 8mm 的双肢箍，每侧 3 根

建模界面下，依次点击"导航栏-梁-梁"，构件列表下，点击"新建"新建矩形梁，依据集中标注相关信息定义 KL57：修改梁名称为"KL57"，结构类别为"楼层框架梁"，梁截面宽度为"200"，梁截面高度为"650"箍筋"Φ8@100/200（2）"，上部通长筋"（2Φ14）"，下部通长筋"2Φ18"，侧面构造或受力筋"G4Φ10"，并在构件做法下套用清单定额。首层 KL57 套做法如图 5-2-5 所示。其他楼层层高为 3m，在套取梁模板定额时，不需要套取模板超高定额。

构件在套清单定额时，注意以下几点：1）在项目特征中注明其特点，包括混凝土强度等级、输送方式等；2）混凝土泵送费根据构件实际檐口高度进行选择；3）若层高超过 3.6m 且小于等于 6.6m 时现浇混凝土梁、板、柱、墙项目模板应按相应超高增加费项目计算模板超高。每超过 1m 计取一次，不足 1m 按 1m 计。

思考：为何梁的结构类别中要区分楼层框架梁与屋面框架梁？

屋面框架梁与楼层框架梁钢筋伸入支座锚固长度不同，屋面框架梁上部钢筋在端支座处弯锚伸至梁底，楼层框架梁上部钢筋在端支座处弯折 15d，具体详见 16G101-1 平法图集（也可参考现行 22G101-1 图集）。

图 5-2-5　定义 KL57（以首层顶板处梁为例）

（2）布置 KL57

依据图纸，在相应位置（⑩-3轴交⑩-B ~ ⑩-C轴之间）绘制 KL57，注意屋面层梁为 WKL57，定义梁时梁属性列表中结构类别选择为屋面框架梁。梁属于线式构件，与线式构件剪力墙的绘制方式相同。按直线绘制梁，梁绘制完成后软件中显示为粉色。

（3）对 KL57 进行原位标注

绘制完成梁后，需要通过"原位标注"将图纸中原位标注信息进行录入，原位标注成功的梁在软件中显示为绿色。建模页面下点击"原位标注"，依次输入左支座筋和右支座筋。根据图 5-1-8 可知，首层顶板处梁左支座筋为"2Φ22"，右支座筋为"2Φ18"；2 层顶板至 31 层顶板处梁 左支座筋为"4Φ18 2/2"，右支座筋为"4Φ18 2/2"；32 层顶板处梁左支座筋为"2Φ22"，右支座筋为"2Φ22"。

（4）定义并布置与 KL57 相交处次梁

按绘制 KL57 相同方法定义次梁 L4、L6，绘制并进行原位标注（L4 与 L6 的位置详见图 5-1-5）。按相同方式绘制完成其他楼层梁的绘制。

（5）布置 KL57 主次梁相交处附加箍筋和吊筋。

实际工程中，在主次梁相交处往往存在附加箍筋和吊筋，此案例 KL57 为主梁，次梁 L4、L6 与其相交，依据梁有关说明第 2 条（图 5-1-4）：主次梁相交处，主梁两侧均增加三道附加箍筋，间距 50mm，箍筋直径及形式同混凝土主梁箍筋，需要在 KL57 处设置附加箍筋。因此需在主次梁相交处设置箍筋（直径为 8mm），左右两侧各 3 根，共 6 根箍筋（图 5-2-6）。

图 5-2-6　设置吊筋

在梁二次编辑中点击生成吊筋，依据图纸信息对吊筋和次梁加筋进行设置，软件可以实现自动生成。此处无吊筋仅设置次梁加筋即可。

项目实践中须注意以下几点：

1）梁以不同构件为支座对钢筋量产生影响。以本案例为例，在绘制过程中可能以剪力墙或暗柱为支座，不同的绘图方法和设置会对支座的选择产生影响，最终影响梁钢筋量（图 5-2-7）。

可见，梁分别以剪力墙或暗柱为支座时，会对钢筋量产生一定影响。为方便判断支座，绘图时一般将剪力墙包裹住暗柱，不建议只绘制到相交位置（图 5-2-8）。

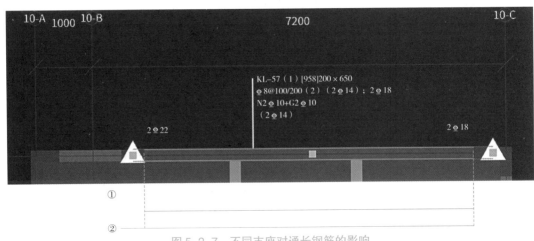

图 5-2-7　不同支座对通长钢筋的影响

注：①以暗柱为支座进行锚固，依据暗柱的尺寸判断弯、直锚，能直锚则直锚，不能直锚则弯锚。
②以剪力墙为支座，直锚入墙内。

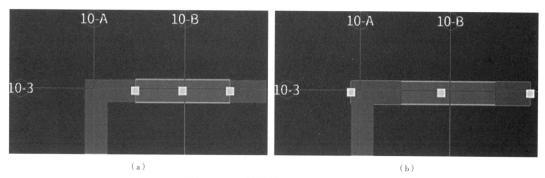

图 5-2-8　剪力墙绘制至不同位置
（a）剪力墙绘制至暗柱边；（b）剪力墙包裹暗柱

绘制梁时，如需以暗柱作为支座，梁绘制至暗柱边或暗柱中点处均可。

绘制梁时，如需以剪力墙为支座，则应更改计算设置。在"工程设置"界面下，钢筋设置栏中点击"计算设置 - 计算规则 - 框架梁"，在第四项"梁以平行相交墙为支座"修改为"是"，如图 5-2-9 所示。

梁具体以什么构件为支座，应结合实际情况进行判断。

2）本案例设计变更后梁高为 650，依据图 5-1-6 梁腰筋配置腹板高度 $500 < h_w \leq 650$，梁宽 ≤ 200 时设置 4 根构造腰筋 G4 Φ 10。

6. 绘制与梁接触的板

由于此处并非单梁而是有梁板，两者模板面积计算方法有所不同，为确保模板工程量计算准确，应绘制与梁相接触的板（由于本案例重点计算梁工程量，板的厚度仅影响

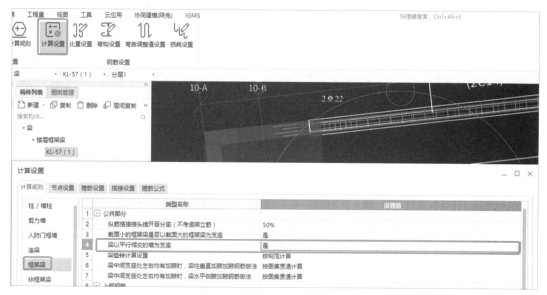

图 5-2-9　梁计算设置修改

梁模板工程量，因此可先不布置板筋）。

（1）定义板

建模界面下，依次点击"导航栏 – 板 – 现浇板"，构件列表下新建现浇板。设置板厚度为120。

（2）绘制板

板属于面式构件，采用面式构件绘制板。建模界面下，绘图栏中按矩形绘制板。

工程量计算
（板的绘制）

7. 汇总出工程量

（1）钢筋工程量

"工程量"界面下，点击"汇总计算"，勾选所有楼层，点击"确定"，计算完毕，点击查看 KL57 钢筋工程量。相关计算信息见图 5-2-10、图 5-2-11。计算结果见表 5-2-3：

工程量计算
（汇总工程量）

首层 ~32 层 KL57（10-3 轴侧梁）钢筋量统计表　　　　　　　　表 5-2-3

| 楼层名称 | 构件数量 | 单根构件钢筋总重量（kg） | HPB 300 | HRB400 | | | | | | |
			6mm	8mm	10mm	14mm	18mm	20mm	22mm	25mm
首层	1	115.974	2.784	36.088	14.932	5.362	40.532	0	16.276	0
2~4 层	3	130.262	2.784	36.088	14.932	5.362	68.632	0	0	2.464
5 层	1	130.262	2.784	36.088	14.932	5.362	68.632	0	0	2.464
6~10 层	5	130.262	2.784	36.088	14.932	5.362	68.632	0	0	2.464
11~12 层	2	130.262	2.784	36.088	14.932	5.362	68.632	0	0	2.464
13~15 层	3	137.652	2.784	36.088	14.932	5.362	39.368	36.654	0	2.464
16~19 层	4	137.652	2.784	36.088	14.932	5.362	39.368	36.654	0	2.464
20 层	1	137.722	2.688	35.256	14.932	5.362	40.048	37.124	0	2.312
21~27 层	7	137.722	2.688	35.256	14.932	5.362	40.048	37.124	0	2.312
28~31 层	4	130.202	2.688	35.265	14.932	5.362	69.652	0	0	2.312
32 层	1	123.65	2.688	35.256	14.932	5.362	29.604	0	35.808	0

由于梁配筋图中 KL57 在本结构中每层有两根，关于 10-10 轴对称，表 5-2-3 中计算出钢筋工程量仅为 10-3 轴单侧梁，故总工程量应乘以 2，得出全楼栋 KL57 钢筋统计汇总表，见表 5-2-4。

（2）土建工程量

在工程量汇总计算后，点击"查看报表"，选择"土建报表量"，选择"清单定额汇总表"，结果如下（表 5-2-5）：

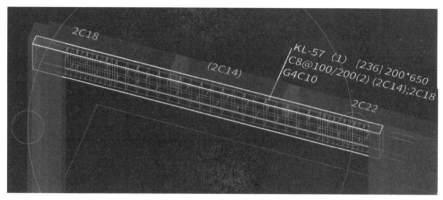

图 5-2-10　首层梁钢筋三维图

筋号	直径(mm)	级别	图号	图形	计算公式	公式描述	长度	根数	单重(kg)	总重(kg)	钢筋归类
1 1跨.左支座筋1	22	Φ	1	2731	37*d+5750/3	直锚+搭接	2731	2	8.138	16.276	直筋
2 1跨.右支座筋1	18	Φ	18	270 2547	5750/3+650-20+15*d	搭接+支座宽-保护层+弯折	2817	2	5.634	11.268	直筋
3 1跨.架立筋1	14	Φ	1	2216	150-5750/3+5750+150-5750/3	搭接-端部伸出长度+净长+搭接-端部伸出长度	2216	2	2.681	5.362	直筋
4 1跨.侧面构造筋1	10	Φ	1	6050	15*d+5750+15*d	锚固+净长+锚固	6050	4	3.733	14.932	直筋
5 1跨.下部钢筋1	18	Φ	18	270 7046	37*d+5750+650-20+15*d	直锚+净长+支座宽-保护层+弯折	7316	2	14.632	29.264	直筋
6 1跨.箍筋1	8	Φ	195	610 160	2*((200-2*20)+(650-2*20))+2*(13.57*d)		1757	52	0.694	36.088	箍筋
7 1跨.拉筋1	6	Φ	485	160	(200-2*20)+2*(75+1.9*d)		333	32	0.087	2.784	箍筋

图 5-2-11　单根梁（首层）钢筋信息

KL57 钢筋量统计汇总表　　　　　　　　　　　表 5-2-4

构件类型	合计（kg）	级别	6	8	10	14	18	20	22	25
梁（KL57）	175.68	HPB300	175.68	—	—	—	—	—	—	—
	8341.7	HRB400	—	2288.072	955.648	343.168	3399.312	1107.14	104.168	144.192

清单定额汇总表　　　　　　　　　　　表 5-2-5

序号	编码	项目名称	单位	工程量明细	
				绘图输入	实际工程量（每层两根梁，工程量乘以2）
实体项目					
1	010505001001	有梁板 1. 混凝土种类：商品混凝土 2. 混凝土强度等级：C25 3. 输送方式：泵送 100m 以内	m³	9.7175	19.44
	A5-104	现浇混凝土构件 有梁板	10m³	0.97175	1.944
	A5-130	现浇混凝土构件 混凝土泵送费檐高 100m 以内	10m³	0.97175	1.944

续表

序号	编码	项目名称	单位	工程量明细	
				绘图输入	实际工程量（每层两根梁，工程量乘以 2）
2	010505001002	有梁板 1. 混凝土种类：商品混凝土 2. 混凝土强度等级：C30 3. 输送方式：泵送 100m 以内	m³	14.1993	28.40
	A5-104	现浇混凝土构件 有梁板	10m³	1.41993	2.840
	A5-130	现浇混凝土构件 混凝土泵送费 檐高 100m 以内	10m³	1.41993	2.840
措施项目					
1	011702014001	有梁板	m²	242.5145	485.03
	A19-36	现浇混凝土模板 有梁板 木模板 钢支撑	100m²	2.425145	4.8503
2	011702014002	有梁板	m²	7.7886	15.58
	A19-36	现浇混凝土模板 有梁板 木模板 钢支撑	100m²	0.077886	0.1558
	A19-29×2	现浇混凝土模板 梁支撑高度超过 3.6m 每超过 1m 钢支撑	100m²	0.077886	0.1558

注：1. 垂直运输费及超高增加费需根据实际工程建筑高度、建筑面积进行计算，由于本案例主要讲述 KL57 单根梁的结算与审核，为突出重点，暂不考虑垂直运输费及超高增加费。

2. 实际工程中涉及钢筋接头个数及费用，由于本案例主要讲述 KL57 单根梁的结算与审核，为突出重点，暂不考虑钢筋接头的费用。

3. 脚手架暂不考虑。

实操演练

1. 手工复核原清单报价表 5-1-6 中的工程量。

2. 手工复核表 5-2-5 中清单和定额工程量。

任务 5.3　工程计价

 任务描述

用广联达计价软件，计算变更增加造价：

1. 编制结算文件；

2. 依据湖南省住房和城乡建设厅关于印发 2020《湖南省建设工程计价办法》及《湖南省建设工程消耗量标准》的通知（湘建价〔2020〕56 号）、《湖南省房屋建筑与装饰工程消耗量标准（2020 版）》及其统一解释汇编进行套价取费；

3. 依据《湖南省建设工程造价管理总站关于机械费调整及有关问题的通知》（湘建价市〔2020〕46 号）和《长沙建设造价》2021 年 3 月至 2021 年 10 月，按加权平均进行机械费和材料费的调差。

 任务实施

1. 编制结算文件

（1）建立结算文件

启动"广联达云计价平台"，点击"新建结算"，选择"结算计价"导入预算文件后点击"立即新建"，建立结算文件。也可不采用新建文件的形式，通过打开投标文件，在下拉"文件"菜单栏点击"转为结算计价文件"。

工程计价（编制结算文件）

（2）修改结算工程量——分部分项工程量

修改结算工程量通常有两种方式：

1）按实际发生情况直接修改结算工程量：在"编制 – 建筑工程 – 分部分项"界面下，输入结算工程量。此案例采用此种方式，见图 5-3-1。

	编码	类别	名称	单位	锁定综合单价	合同工程量	合同单价	★结算工程量	结算合价	量差	量差比例(%)	★备注
整个项目	−		整个项目						79147.68			
B1	−	部	混凝土工程						31669.66			
1	+ 010505001001	项	有梁板	m3	☑	11.96	650.89	19.44	12653.3	7.48	62.54	
2	+ 010505001002	项	有梁板	m3	☑	17.48	669.59	28.4	19016.36	10.92	62.47	
B1	−	部	钢筋工程						47478.02			
3	+ 010515001002	项	现浇构件钢筋	t	☑	1.507	6086.03	2.288	13924.84	0.781	51.82	
4	+ 010515001004	项	现浇构件钢筋	t	☑	0.343	5621.25	[0.343]	1928.09	0	0	
5	+ 010515001005	项	现浇构件钢筋	t	☑	3.399	5248.21	[3.399]	17838.67	0	0	
6	+ 010515001006	项	现浇构件钢筋	t	☑	1.107	5181.38	[1.107]	5735.79	0	0	
7	+ 010515001007	项	现浇构件钢筋	t	☑	0.101	5101.88	0.104	530.6	0.003	2.97	
8	+ 010515001008	项	现浇构件钢筋	t	☑	0.144	5052.64	[0.144]	727.58	0	0	
9	+ 010515001009	项	现浇构件钢筋	t	☑	0	0	0.176	1239.79			
10	+ 010515001010	项	现浇构件钢筋	t	☑	0	0	0.956	5552.66			

图 5-3-1 输入结算工程量（分部分项）

2）结算工程量根据竣工图纸及合同，从广联达算量模型文件中提取工程量："编制 – 提取结算工程量 – 从算量文件提取"。

项目实践中应注意以下几点：

1）量差比例超过 15%，结算工程量软件中会显示为红色，量差比例范围可在"文件 – 选项 – 结算设置"中依据合同要求进行更改。

2）对于 HPB300 直径为 6mm 的钢筋与 HRB400 直径为 10mm 的钢筋变更前梁中无此类型钢筋，因此工程量为 0，变更后工程量分别为 0.176t、0.956t，由于工程量清单中已给出这两类型钢筋的综合单价，因此做结算时仍采用此价格，在软件中可采用插入与投标报价相同的清单、定额并修改综合单价，锁定的方式处理。

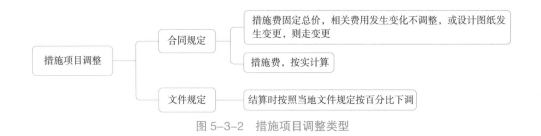

图 5-3-2　措施项目调整类型

（3）修改结算工程量——措施项目

措施项目调整分两种情况：①按合同规定进行调整；②按照当地文件规定进行调整，见图 5-3-2。

软件支持措施项目调整主要有三种方式：①总价包干；②可调措施；③按实际发生。不同措施项目可统一设置为一种调整方式，也可单独设置不同调整方式。其中，总价包干和按实际发生对应合同中要求；可调措施对应正常文件按百分比下浮。

本任务措施费中冬雨季施工增加费、单价措施费为按实际发生。绿色施工安全防护措施费依据文件规定按可调措施费。根据《湖南省建设工程计价办法（2020 版）》，附录 C 表 5，建筑工程绿色施工安全防护措施项目费固定费率为 4.05%，建筑工程绿色施工安全防护措施项目费投标时按总费率计取（建筑工程为 6.25%），结算时分两部分计取：①按固定费率计取（建筑工程为 4.05%）；②工程量计算部分（扬尘控制措施费、场内道路、排水、施工围挡、智慧管理设备及系统）。

按具体要求在软件中"编制 – 结算方式"进行调整，在单价措施费中输入具体结算工程量。调整后如图 5-3-3 所示。

	序号	类别	名称	单位	组价方式	计算基数	费率(%)	★结算方式	合同工程量	★结算工程量	合同单价	合同合价	结算合价	重整
□			措施项目									27227.55	40146.15	
	□		总价措施费									124.64	183.54	
1	011707002001		夜间施工增加费	项	计算公式组价			总价包干	1	[1]	0	0	0	
2	01B001		压缩工期措施增加费（招投标）	项	计算公式组价	RGF+JXF+JSCS_RGF+JSCS_JXF	0	总价包干	1	[1]	0	0	0	
3	011707005001		冬雨季施工增加费	项	计算公式组价	FBFXJ+JSCSF	0.16	按实际发生	1	[1]	124.64	124.64	183.54	
4	011707007001		已完工程及设备保护费	项	计算公式组价			总价包干	1	[1]	0	0	0	
5	01B002		工程定位复测费	项	计算公式组价			总价包干	1	[1]	0	0	0	
6	01B003		专业工程中的有关措施项目费	项	计算公式组价			总价包干	1	[1]	0	0	0	
	□		单价措施费									22494.56	35566.26	
7	011702014001		有梁板	m2	可计量清单			按实际发生	306.78	485.03	70.61	21661.74	34247.97	178.25
8	011702014002		有梁板	m2	可计量清单			按实际发生	9.85	15.58	84.55	832.82	1317.05	5.73
	□		绿色施工安全防护措施项目费									4608.35	4397.35	
	□		绿色施工安全防护措施项目费									4608.35	4397.35	
9	011707001···		绿色施工安全防护措施项目费	项	计算公式组价	ZJF+JSCS_ZJF-SBF-MGMMY	4.05	可调措施	1	[1]	4608.35	4608.35	4397.35	
10		其中	安全生产费	项	计算公式组价	ZJF+JSCS_ZJF-SBF-MGMMY	3.29	按实际发生	1	[1]	2425.83	2425.83	3572.17	
	□		按工程量计算部分									0	0	

图 5-3-3　输入结算工程量（措施项目）

（4）其他项目调整

暂列金额、专业工程暂估价、总承包服务费依据预算文件或进度文件的量和价进行相应变化，计日工费用根据实际情况进行输入。

2. 材料调差

该工程计划开工日期：2020 年 12 月 1 日，计划竣工日期：2022 年 5 月 30 日，工期总日历天数：546 日历天。其中主体工程平均 7 天一层，地上部分（二层至屋面层）施工时间为：2021 年 3 月至 2021 年 10 月。

工程计价
（材料调差）

依据合同约定：1）采用造价信息进行价格调整；2）基准价格为 2020 年 11 月份《长沙建设造价》发布的材料预算价格；3）工程用主要材料设备（主要仅指钢筋、水泥、商品混凝土、砂石、砌块、电线电缆）施工期参照《长沙建设造价》发布的价格 ±3% 不予调整，其他材料设备均不可调整。

材料调差该操作均在"编制 – 建筑工程 – 人材机调整"界面下进行。

（1）选择需要调差的材料范围："编制 – 从人材机汇总中选择 – 勾选所需要调整的人材机"。

（2）设置材料差调整风险幅度范围：在材料调差下选择"风险幅度范围"，按照合同设定风险幅度范围为 –3%~3%。

（3）选择价差额调整方法：按合同要求选择"造价信息价格差额调整法"。

（4）确定材料价格：点击"载价"，选择"结算单价批量载价"，在弹出的对话框中选择施工地点（长沙）当期对应的信息价，本案例施工时间为 2021 年 3 月至 2021 年 10 月，按加权平均进行调整，勾选"覆盖已调价材料价格"，点击"下一步"，检查出现的材料价格是否正确完成调价，对于软件没调整的价格手动输入调价，手动调整后需要实时刷新结果，得到最终调差结果。

项目实践中需注意以下几个问题：

1）由于实际会存在价格变动，软件直接调整材料价格可能无法完全考虑实际情况，因此手动编辑材料调差表再手动调整部分材料的价格会更准确，本案例材料调差表见表 5-3-1。

2）2021 年度材料价格变化较大，2021 年 5 月钢筋存在 3 种不同的材料价格，结算材料调差时按加权平均得出 5 月均价，再对 2021 年 3 月—2021 年 10 月的材料价格进行加权平均（图 5-3-4）。

材料调差汇总表见表 5-3-2。

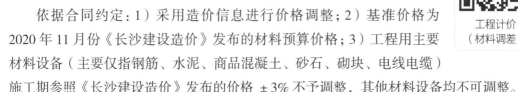

	编码	类别	名称	单位	合同数量	合同不含税市场价	调差工程量	★不含税基期价	★含税结算期价	★结算税率(%)	★结算不含税单价	★结算含税单价	★风险幅度范围(%)	单位价差/跌幅	单位价差	价差合计	★备注
1	01010300005	材	螺纹钢筋 HRB400 Φ8	kg	1537.14	3.988	2333.76	3.988	4.504	12.95	5.096	5.756	(-3,3)	27.78	0.988	2305.76	
2	01010300006	材	螺纹钢筋 HRB400 Φ10	kg	0	4.043	975.12	4.043	4.567	12.95	5.096	5.756	(-3,3)	26.05	0.932	908.81	
3	01010300008	材	螺纹钢筋 HRB400 Φ14	kg	361.575	4.063	361.575	4.063	4.589	12.95	5.132	5.797	(-3,3)	26.31	0.947	332.94	
4	01010300010	材	螺纹钢筋 HRB400 Φ16	kg	3483.975	3.907	3483.975	3.907	4.413	12.95	4.977	5.621	(-3,3)	27.39	0.953	3320.22	
5	01010300011	材	螺纹钢筋 HRB400 Φ20	kg	1134.675	3.907	1134.675	3.907	4.413	12.95	4.977	5.621	(-3,3)	27.39	0.953	1081.36	
6	01010300012	材	螺纹钢筋 HRB400 Φ22	kg	103.625	3.907	106.6	3.907	4.413	12.95	4.977	5.621	(-3,3)	27.39	0.953	101.59	
7	01010300013	材	螺纹钢筋 HRB400 Φ25	kg	147.6	3.907	147.6	3.907	4.413	12.95	4.977	5.621	(-3,3)	27.39	0.953	140.66	
8	01090100009	材	圆钢 Φ6	kg		4.111	179.52	4.111	4.643	12.95	5.196	5.869	(-3,3)	26.39	0.962	172.7	
9	34110100002	材	水	t	10.309	4.4	16.399	4.4	4.532	3	4.453	4.587	(-3,3)	1.2		0	
10	34110200001	材	电	kW·h	0.62	18.083	0.62	0.701	13.1	0.619	0.7	(-3,3)	-0.16		0		
11	35010300002	材	木模板 2440×1220×15	m²	78.128	26.07	0	26.07	29.446	12.95	26.646	30.097	(-3,3)	2.21		0	
12	88010500001	材	其他材料费	元	1523.235	1	1910.229	1	1.13	12.95	1	1.13	(-3,3)	0		0	
13	80210400004	商砼	商品混凝土(砾石) C25	m³	12.139	520.9	19.732	520.9	539.652	3.6	510.598	528.98	(-3,3)	-1.98		0	
14	80210400005	商砼	商品混凝土(砾石) C30	m³	17.742	538.34	20.826	538.34	557.72	3.6	527.674	546.67	(-3,3)	-1.98		0	

图 5-3-4　材料价格加权平均

材料调差汇总表

表 5-3-1

序号	名称	单位	税率	2020.11（基准价）	2021.3	2021.4	2021.5.1—5.7	2021.5.8—5.17	2021.5.18—5.31	2021.5月均价	2021.6	2021.7	2021.8	2021.9	2021.10	结算平均价格
1	螺纹钢筋 HRB400 Φ8	kg	12.95	4.504	5.145	5.31	5.667	6.409	5.615	5.897	5.582	5.713	5.878	6.26	6.262	5.7559
2	螺纹钢筋 HRB400 Φ10	kg	12.95	4.567	5.145	5.31	5.667	6.409	5.615	5.897	5.582	5.713	5.878	6.26	6.262	5.7559
3	螺纹钢筋 HRB400 Φ14	kg	12.95	4.589	5.186	5.352	5.708	6.451	5.657	5.9387	5.624	5.754	5.92	6.3	6.303	5.7972
4	螺纹钢筋 HRB400 Φ18	kg	12.95	4.413	5.01	5.175	5.532	6.274	5.48	5.762	5.448	5.577	5.744	6.125	6.126	5.6209
5	螺纹钢筋 HRB400 Φ20	kg	12.95	4.413	5.01	5.175	5.532	6.274	5.48	5.762	5.448	5.577	5.744	6.125	6.126	5.6209
6	螺纹钢筋 HRB400 Φ22	kg	12.95	4.413	5.01	5.175	5.532	6.274	5.48	5.762	5.448	5.577	5.744	6.125	6.126	5.6209
7	螺纹钢筋 HRB400 Φ25	kg	12.95	4.413	5.01	5.175	5.532	6.274	5.48	5.762	5.448	5.577	5.744	6.125	6.126	5.6209
8	圆钢 Φ6	kg	12.95	4.643	5.25	5.416	5.773	6.514	5.721	6.0027	5.688	5.818	5.984	6.365	6.431	5.8693
9	水	t	3	4.532	4.972	4.532	4.532	4.532	4.532	4.532	4.532	4.532	4.532	4.532	4.532	4.587
10	电	kWh	13	0.7	0.7	0.7	0.7	0.7	0.7	0.7	0.7	0.7	0.7	0.7	0.7	0.7
11	木模板 2440×1220×15	m²	12.95	29.808	29.808	30.248	30.406	30.406	30.406	30.406	30.248	30.101	29.943	30.011	30.011	30.097
12	商品混凝土（砾石）C25	m³	3.6	539.65	506.65	522.05	532.31	532.31	532.31	532.31	515.43	505.61	513.63	550.88	585.309	528.98
13	商品混凝土（砾石）C30	m³	3.6	557.72	523.52	539.11	549.48	549.48	549.48	549.48	530.82	520.44	529.77	571.23	609.013	546.67

材料调差汇总表　　　　　　表 5-3-2

工程名称：主体工程　　　　　　标段：　　　　　　第 1 页共 1 页

序号	编号	名称	单位	结算数量	结算单价（元）	合同单价（元）	风险系数（%）	单位价差（元）	价差合计（元）
					人工价差				
1	H00001	人工费	元	25402.123	1	1	(-3, 3)		
				材料（主材，设备）价差					8364.03
1	01010300005	螺纹钢筋 HRB400 Φ 8	kg	2333.76	5.1	3.99	(-3, 3)	0.99	2305.75
2	01010300006	螺纹钢筋 HRB400 Φ 10	kg	975.12	5.1	4.04	(-3, 3)	0.93	908.81
3	01010300008	螺纹钢筋 HRB400 Φ 14	kg	351.575	5.13	4.06	(-3, 3)	0.95	332.94
4	01010300010	螺纹钢筋 HRB400 Φ 18	kg	3483.975	4.98	3.91	(-3, 3)	0.95	3320.23
5	01010300011	螺纹钢筋 HRB400 Φ 20	kg	1134.675	4.98	3.91	(-3, 3)	0.95	1081.35
6	01010300012	螺纹钢筋 HRB400 Φ 22	kg	106.6	4.98	3.91	(-3, 3)	0.95	101.59
7	01010300013	螺纹钢筋 HRB400 Φ 25	kg	147.6	4.98	3.91	(-3, 3)	0.95	140.66
8	01090100009	圆钢 $\phi 6$	kg	179.52	5.2	4.11	(-3, 3)	0.96	172.7
9	34110100002	水	t	16.399	4.45	4.4	(-3, 3)		
10	34110200001	电	kWh	18.083	0.62	0.62	(-3, 3)		
11	35010300002	木模板 2440×1220×15	m²	78.128	26.65	26.07	(-3, 3)		
12	88010500001	其他材料费	元	2092.754	1	1	(-3, 3)		
13	80210400004	商品混凝土（砾石）C25	m³	19.732	510.6	520.9	(-3, 3)		
14	80210400005	商品混凝土（砾石）C30	m³	28.826	527.67	538.34	(-3, 3)		
				暂估材料价差					
				机械价差					
				价差合计					8364.03

知识链接

1. 对于合同中注明为可调价工程，在进行价格调整前应明确以下信息：

（1）确定可调差的范围：依据合同确定哪些部分的人材机可以调差。依据本教材 2.2.3 节工程施工合同专用条款第 11 条"工程用主要材料设备（主要仅指钢筋、水泥、商品混凝土、砂石、砌块、电线电缆）施工期参照《长沙建设造价》发布的价格 ±3% 不予调整，其他材料设备均不可调整。"可知，此项目主要材料设备可以调差。

（2）确定可调差的工程量：价格调整时，需按不同的施工时期或按不同的施工部位分别统计人材机工程量，分阶段对材料价格进行调整。

（3）确定合同约定的基期价格：确定工程基期价格是哪个地区、哪个时间的信息价格。依据本教材 2.2.3 节工程施工合同专用条款第 11 条"关于基准价格的约定：2020 年 11 月份《长沙建设造价》发布的材料预算价格。"可知此项目基准价格。

（4）确定施工期信息价的计取：依据合同明确价格调整方式，是按平均值法、加权法还是其他方法计取。

（5）依据工程进度表，确定工程调差关键时间节点：明确工程开工日期、地下室部分完工日期、结构封顶日期等关键时间节点。

2. 混凝土工程结算量与实际使用量差异缘由分析

一个项目完工并办理完成结算后，施工单位人员往往会将结算工程量与现场采购的实际工程量进行对比分析，就混凝土工程而言常会出现结算量与使用量出现差异的情况。产生原因主要可分为两类：正常差异和非正常差异。

（1）正常差异常产生的原因如下：

1）计算规则的差异。工程结算是施工单位与建设单位之间按合同约定的计价规则进行计算，而现场使用量是施工单位和下游单位即商品混凝土搅拌站之间，按实际发生的用量计算，这属于两种不同的体系，不同的计算规则导致结算量与使用量存在差异。

例如，施工合同中的计价规则约定，施工措施费按项包干，结算文件中措施费不体现混凝土的工程量，但是实际必然会发生相应的混凝土使用量，如措施费中的塔式起重机基础混凝土；例如，施工合同的计价规则约定，安全文明施工费按照规定费率计取，结算文件中安全文明施工费只体现总金额，不体现混凝土工程量，但是安全文明施工费中必然发生相应的混凝土使用量，如临时设施、施工便道、生活区等各处的混凝土浇筑等；例如，施工合同的计价规则约定，对某些分部分项工程按照 m^2 计量，不按照 m^3 计算，就导致混凝土结算工程量未统计该部分工程量，最终产生工程量的差异（一般情况下，楼梯、细石混凝土面层、垫层、找平层等都是按照 m^2 计量）。

2）正常的施工损耗。在施工过程中，由于施工工艺或者施工工序的不同，导致一些正常的施工损耗发生。结算工程量往往是按照设计图示尺寸计算，而使用量是实际发生的工程量，因此两者会存在差异。

例如，混凝土运输和浇筑过程中发生的相应施工损耗。对于某些特殊工程，如异形构件、装饰线条、零星构件及相关造型等过多时，工艺复杂会产生一定的超额损耗。

3）综合单价的差异。在前期的招投标过程中，招标文件或者招标清单中，清单描述将某些工程量包括在综合单价中，不再单独计量，这样也会导致混凝土结算量与使用量出现差异。

例如，招标文件规定旋挖桩混凝土综合单价包含充盈系数，那么实际浇筑过程中，混凝土浇筑充盈量对应部分的工程量就不能再计量，导致差异。例如，招标文件规定，现场出现溶洞等不利地质条件等，需由投标人在相关基础工程综合单价中综合考虑，不再单独计量，若实际发生了上述情况，施工企业需承担上述混凝土实际使用的风险，结算中不能再单独计量。

（2）非正常差异常产生的原因如下：

1）由于现场管理不当、施工不规范造成的浪费。在施工过程中，由于相关现场管理人员经验不足、管理不当，施工作业人员施工不规范、不严谨，或者施工质量不过关等因素导致混凝土在使用时产生浪费。

例如，基础垫层浇筑时，由于对标高、厚度、尺寸控制不到位，导致实际浇筑的混凝土厚度高于设计要求厚度，宽度大于图纸设计要求，造成混凝土的浪费。例如，隐蔽工程和相关分部工程施工时，施工质量不过关导致浪费，严重时甚至引发质量整改和返工，从而导致实际使用混凝土的差异。

2）结算办理少算漏算的差异

在工程结算过程中，由于造价人员的疏忽或者专业水平差异，在结算编制和审校过程中，少算漏算相关混凝土工程量，从而产生相应的差异。例如，在结算文件编制过程中，少算、漏算、错算相关构件工程量；对算量软件的不熟悉导致模型算量时出现遗漏工程量；对过程设计变更、洽商、现场工程签证等相关资料整理不当导致工程量漏算或者遗忘等。

一般而言，正常的差异很难避免，非正常的差异往往是由现场管理人员、施工人员、结算人员的专业水平、经验决定的，可以通过加强专业水平、管理能力尽量避免，最大程度减少资源浪费。

3. 费用汇总及报表打印

在"报表 – 建筑工程"界面下，勾选常用报表，点击"批量导出"，有数据表格呈现如下：

（1）单位工程竣工结算汇总表（表5-3-3）

单位工程竣工结算汇总表　　　　　　　　　表5-3-3

工程名称：主体工程　　　　　　　　　　　标段：　　　　　　　　　　第1页共1页

序号	汇总内容	计算基础	费率（％）	合同金额（元）	结算金额（元）
一	分部分项工程费	分部分项费用合计		55406.14	79147.68
1	直接费			52443.11	74915.02
1.1	人工费			6997.45	10442.49
1.2	材料费			44602.78	63271.95
1.2.1	其中：工程设备费/其他	（详见附录C说明第2条规定计算）			
1.3	机械费			842.88	1200.58
2	管理费		4.65	2438.62	3483.56
3	其他管理费	（详见附录C说明第2条规定计算）	2		
4	利润		1	524.46	749.19
二	措施项目费	1+2+3		27227.55	40146.15
1	单价措施项目费	单价措施项目费合计		22494.56	35565.26

续表

序号	汇总内容	计算基础	费率（%）	合同金额（元）	结算金额（元）
1.1	直接费			21290.42	33661.45
1.1.1	人工费			14959.62	23652.08
1.1.2	材料费			5435.38	8593.64
1.1.3	机械费			895.42	1415.73
1.2	管理费		4.65	990	1565.26
1.3	利润		1	212.9	336.62
2	总价措施项目费	（按 E.20 总价措施项目计价表计算）		124.64	183.54
3	绿色施工安全防护措施项目费	（按 E.21 绿色施工安全防护措施费计价表计算）	4.05	4608.35	4397.35
3.1	其中安全生产费	（按 E.21 绿色施工安全防护措施费计价表计算）	3.29	2425.83	3572.17
三	其他项目费	（按 E.23 其他项目计价汇总表计算）		826.34	1192.94
四	税前造价	一＋二＋三		83460.03	120486.77
五	销项税额	四	9	7511.4	10843.81
六	建安工程造价	四＋五		90971.43	131330.58
七	价差取费合计				9116.79
八	工程造价（调差后）				140447.37

注：如无单位工程划分，单项工程也使用本表汇总。

实操演练

结算金额较合同金额增加多少元？

（2）分部分项合同清单工程量及结算工程量对比表（表 5-3-4）

分部分项合同清单工程量及结算工程量对比表　　　　表 5-3-4

工程名称：主体工程　　　　　　　　　标段：　　　　　　　　　　　　第 1 页共 1 页

序号	清单编码	清单名称	单位	合同工程量	结算工程量	结算量差	量差比例（%）
		混凝土工程					
1	010505001001	有梁板 C25	m³	11.96	19.44	7.48	62.54
2	010505001002	有梁板 C30	m³	17.48	28.4	10.92	62.47
		钢筋工程					
3	010515001002	现浇构件钢筋 ⏀8	t	1.507	2.288	0.781	51.82
4	010515001004	现浇构件钢筋 ⏀14	t	0.343	0.343		
5	010515001005	现浇构件钢筋 ⏀18	t	3.399	3.399		
6	010515001006	现浇构件钢筋 ⏀20	t	1.107	1.107		
7	010515001007	现浇构件钢筋 ⏀22	t	0.101	0.104	0.003	2.97
8	010515001008	现浇构件钢筋 ⏀25	t	0.144	0.144		
9	010515001009	现浇构件钢筋 ⏀6	t	0	0.176	0.176	
10	010515001010	现浇构件钢筋 ⏀10	t	0	0.956	0.956	

（3）分部分项工程和单价措施项目清单与计价表（表 5-3-5）

分部分项工程和单价措施项目清单与计价表

表 5-3-5

工程名称：主体工程　　　　　　　　　　　　　　标段：

序号	项目编码	项目名称	项目特征描述	计量单位	工程量			综合单价（元）	合价（元）		
					合同	结算	±量差		合同	结算	±差额
		混凝土工程							19489.07	31669.66	12180.59
1	010505001001	有梁板	1. 混凝土种类：商品混凝土 2. 混凝土强度等级：C25 3. 输送方式：泵送 100m	m³	11.96	19.44	7.48	650.89	7784.64	12653.3	4868.66
2	010505001002	有梁板	1. 混凝土种类：商品混凝土 2. 混凝土强度等级：C30 3. 输送方式：泵送 100m	m³	17.48	28.4	10.92	669.59	11704.43	19016.36	7311.93
		钢筋工程							35917.07	47478.02	11560.95
3	010515001002	现浇构件钢筋	钢筋种类、规格：Φ8	t	1.507	2.288	0.781	6086.03	9171.65	13924.84	4753.19
4	010515001004	现浇构件钢筋	钢筋种类、规格：Φ14	t	0.343	0.343		5621.25	1928.09	1928.09	
5	010515001005	现浇构件钢筋	钢筋种类、规格：Φ18	t	3.399	3.399		5248.21	17838.67	17838.67	
6	010515001006	现浇构件钢筋	钢筋种类、规格：Φ20	t	1.107	1.107		5181.38	5735.79	5735.79	
7	010515001007	现浇构件钢筋	钢筋种类、规格：Φ22	t	0.101	0.104	0.003	5101.88	515.29	530.6	15.31
8	010515001008	现浇构件钢筋	钢筋种类、规格：Φ25	t	0.144	0.144		5052.64	727.58	727.58	
9	010515001009	现浇构件钢筋	钢筋种类、规格：Φ6	t		0.176	0.176	7044.28		1239.79	1239.79
10	010515001010	现浇构件钢筋	钢筋种类、规格：Φ10	t	0.956	0.956	0.956	5808.22	5552.66	5552.66	5552.66
		小计							55406.14	79147.68	23741.54

续表

序号	项目编码	项目名称	项目特征描述	计量单位	工程量			综合单价（元）	合价（元）		
					合同	结算	±量差		合同	结算	±差额
		分部分项合计							55406.14	79147.68	23741.54
		措施项目							22494.56	35565.26	13070.7
11	011702014001	有梁板	1. 支撑高度 3.0m	m²	306.78	485.03	178.25	70.61	21661.74	34247.97	12586.23
12	011702014002	有梁板	1. 支撑高度 5.4m	m²	9.85	15.58	5.73	84.55	832.82	1317.29	484.47
		单价措施合计							22494.56	35565.26	13070.7
		小计							22494.56	35565.26	13070.7
		合计							77900.7	114712.94	36812.24

（4）总价措施项目清单与计价表（表 5-3-6）

总价措施项目清单与计价表

工程名称：主体工程　　　　　标段：

表 5-3-6
第 1 页共 1 页

序号	项目编码	项目名称	计算基础	费率（%）	合同金额（元）	结算金额（元）	差额	备注
1	011707002001	夜间施工增加费						
2	01B001	压缩工期措施增加费（招投标）	分部分项人工费 + 分部分项机械费 + 技术措施项目人工费 + 技术措施项目机械费	0				1）压缩工期在 10% 以内（含 10%）者，乘系数 1.05； 2）压缩工期在 15% 以内（含 15%）者，乘系数 1.10； 3）压缩工期在 20% 以内（含 20%）者，乘系数 1.15
3	011707005001	冬雨季施工增加费	分部分项合计 + 技术措施项目合计	0.16	124.64	183.54	58.9	
4	011707007001	已完工程及设备保护费						
5	01B002	工程定位复测费						
6	01B003	专业工程中的有关措施项目费						
		合计			124.64	183.54	58.9	

编制人（造价人员）：　　　　　　　　　　　　　　　　　　　　　　复核人（造价工程师）：

注：1. "计算基础"中安全文明施工费可为"定额人工费"或"定额人工费 + 定额机械费"，其他项目可为"定额人工费"或"定额人工费 + 定额机械费"。
"费率"和"金额"数值，也可只填"金额"数值，但应在备注栏说明施工方案出处或计算方法。
2. 按施工方案计算的措施费，若无"计算基础"和"费率"的数值，也可只填"金额"数值，但应在备注栏说明施工方案出处或计算方法。
3. 根据《湖南省建设工程计价办法（2020 版）》，冬雨季施工增加费按分部分项工程费和单价措施费的 1.6% 计取。

（5）绿色施工安全防护措施项目费计价表（表 5-3-7）

绿色施工安全防护措施项目费计价表

表 5-3-7

工程名称：主体工程　　　　　　　　　　　　　　标段：　　　　　　　　　　　　　第 1 页共 1 页

序号	项目编码	项目名称	计算基础	费率（%）	合同金额（元）	结算金额（元）	差额（元）	备注
1	011707001001	绿色施工安全防护措施项目费	分部分项直接费 + 技术措施项目直接费 – 分部分项设备费 – 分部分项苗木费	4.05	4608.35	4397.35	−211	
2	其中	安全生产费	分部分项直接费 + 技术措施项目直接费 – 分部分项设备费 – 分部分项苗木费	3.29	2425.83	3572.17	1146.34	
		合计			7034.18	7969.52	935.34	

编制人（造价人员）：　　　　　　　　　　　　　　　　　复核人（造价工程师）：

注：1. "计算基础"中安全文明施工费可为"定额基价""定额人工费"或"定额人工费 + 定额机械费"，其他项目可为"定额人工费"或"定额人工费 + 定额机械费"。

2. 按施工方案计算的措施费，若无"计算基础"和"费率"的数值，也可只填"金额"数值，但应在备注栏说明施工方案出处或计算方法。

（6）其他项目清单与计价汇总表（表 5-3-8）

其他项目清单与计价汇总表

表 5-3-8

工程名称：主体工程　　　　　　　　　　　　　　标段：　　　　　　　　　　　　　第 1 页共 1 页

序号	项目名称	合同金额（元）	结算金额（元）	备注
1	暂列金额			暂列金额应根据工程特点按有关固定估算，但不应超过分部分项工程费的 15%
2	暂估价			
2.1	材料暂估价			
2.2	专业工程暂估价			
2.3	分部分项工程暂估价			
3	计日工			
4	总承包服务费			专业工程服务费可按分部分项工程费的 2% 计算
5	优质工程增加费			优质工程奖或年度项目考评优良工地按分部分项工程费与措施项目费总额的 1.60%；芙蓉奖按分部分项工程费与措施项目费总额的 2.20%；鲁班奖按分部分项工程费与措施项目费总额的 3.0%。同时获得多项的按最高奖项计取

续表

序号	项目名称	合同金额（元）	结算金额（元）	备注
6	安全责任险、环境保护税	826.34	1192.94	
7	提前竣工措施增加费			
8	索赔签证			
	合　计	826.34	1192.94	—

注：材料（工程设备）暂估单价进入清单项目综合单价，此处不汇总。

（7）单位工程人材机汇总表（表5-3-9）

单位工程人材机汇总表　　　　　　　　　　表5-3-9

工程名称：主体工程　　　　　　　　　　标段：

序号	名称	单位	合同单价（元）	合同数量	合同合价（元）	结算数量	结算合价（元）	价差合计（元）	备注
一	人工								
1	人工费	元	1	21957.078	21957.08	25402.123	25402.12		
二	材料（主材，设备）							8364.03	
1	螺纹钢筋 HRB400 Φ 8	kg	3.988	1537.14	6130.11	2333.76	9307.03	2305.75	
2	螺纹钢筋 HRB400 Φ 10	kg	4.043			975.12	3942.41	908.81	
3	螺纹钢筋 HRB400 Φ 14	kg	4.063	351.575	1428.45	351.575	1428.45	332.94	
4	螺纹钢筋 HRB400 Φ 18	kg	3.907	3483.975	13611.89	3483.975	13611.89	3320.23	
5	螺纹钢筋 HRB400 Φ 20	kg	3.907	1134.675	4433.18	1134.675	4433.18	1081.35	
6	螺纹钢筋 HRB400 Φ 22	kg	3.907	103.525	404.47	106.6	416.49	101.59	
7	螺纹钢筋 HRB400 Φ 25	kg	3.907	147.6	576.67	147.6	576.67	140.66	
8	圆钢 $\phi 6$	kg	4.111			179.52	738.01	172.7	
9	单层养护膜	m²	1.1	146.461	161.11	237.999	261.8		
10	低碳钢焊条综合	kg	6.02	48.425	291.52	48.453	291.69		
11	圆钉 L50~75	kg	6.5	3.638	23.65	3.638	23.65		
12	镀锌铁丝 $\phi 0.7$	kg	5.35	25.432	136.06	39.577	211.74		
13	镀锌铁丝 $\phi 4.0$	kg	5.35	0.57	3.05	0.57	3.05		
14	杉木锯材	m³	1830	0.928	1698.24	0.928	1698.24		
15	醇酸防锈漆红丹	kg	12.43	1.472	18.3	2.392	29.73		
16	土工布	m²	6.86	14.646	100.47	23.8	163.27		
17	隔离剂	kg	4.51	31.663	142.8	31.663	142.8		

续表

序号	名称	单位	合同单价（元）	合同数量	合同合价（元）	结算数量	结算合价（元）	价差合计（元）	备注
18	塑料粘胶带 20mm×50m	卷	2.75	12.665	34.83	12.665	34.83		
19	橡胶压力管	m	27.43	0.471	12.92	0.765	20.98		
20	泵管	m	5.22	0.677	3.53	1.1	5.74		
21	卡箍（泵管用）	个	81.42	0.324	26.38	0.526	42.83		
22	固定底座	个·月	0.44	242.855	106.86	242.855	106.86		
23	可调托座	个·月	0.89	242.855	216.14	242.855	216.14		
24	水	t	4.4	10.309	45.36	16.399	72.16		
25	电	kWh	0.62	11.128	6.9	18.083	11.21		
26	木模板 2440×1220×15	m²	26.07	78.128	2036.8	78.128	2036.8		
27	钢管使用费	t·月	75	8.336	625.2	8.336	625.2		
28	扣件使用费	个·月	0.2	1828.885	365.78	1828.885	365.78		
29	其他材料费	元	1	1523.235	1523.24	2092.754	2092.75		
30	商品混凝土（砾石）C25	m³	520.9	12.139	6323.21	19.732	10278.4		
31	商品混凝土（砾石）C30	m³	538.34	17.742	9551.23	28.826	15518.19		
三	机械								
1	汽车式起重机提升质量（t）8 大	台班	887.046	0.374	331.76	0.374	331.76		
2	载重汽车装载质量（t）6 中	台班	461.73	1.214	560.54	1.214	560.54		
3	混凝土布料机小	台班	155.839	0.295	45.97	0.478	74.49		
4	混凝土抹平机功率（kW）5.5 小	台班	24.122	0.324	7.82	0.526	12.69		
5	混凝土汽车式输送泵输送长度（m）37 大	台班	4409.431	0.035	154.33	0.057	251.34		
6	混凝土输送泵输送量（m³/h）45 大	台班	819.251	0.295	241.68	0.478	391.6		
7	钢筋调直机直径（mm）14 小	台班	39.661	0.407	16.14	0.918	36.41		
8	木工圆锯机直径（mm）500 小	台班	26.211	0.133	3.49	0.133	3.49		
9	钢筋切断机直径（mm）40 小	台班	43.967	0.722	31.74	0.972	42.74		
10	钢筋弯曲机直径（mm）40 小	台班	26.901	2.263	60.88	3.215	86.49		
11	直流弧焊机容量（kV·A）32 小	台班	93.674	2.548	238.68	2.55	238.87		
12	点焊机容量（kV·A）75 小	台班	140.88	0.196	27.61	0.33	46.49		

续表

序号	名称	单位	合同单价（元）	合同数量	合同合价（元）	结算数量	结算合价（元）	价差合计（元）	备注
13	对焊机容量（kV·A）10 小	台班	28.437	0.47	13.37	0.47	13.37		
14	电焊条烘干箱容量（cm³）45×35×45 小	台班	17.627	0.222	3.91	0.222	3.91		
合计					73733.35	—	96204.28	8364.03	—

（8）人材机调整明细表（表 5-3-10）

人材机调整明细表   表 5-3-10

工程名称：主体工程   标段：   第 1 页共 1 页

序号	名称	规格型号	单位	合同单价（元）	基期价（元）	结算单价（元）	单位价差（元）	调差工程量	价差合计（元）
一	人工								
二	材料（主材、设备）								8364.03
1	螺纹钢筋 HRB400 Φ8		kg	3.988	3.988	5.096	0.988	2333.76	2305.75
2	螺纹钢筋 HRB400 Φ10		kg	4.043	4.043	5.096	0.932	975.12	908.81
3	螺纹钢筋 HRB400 Φ14		kg	4.063	4.063	5.132	0.947	351.575	332.94
4	螺纹钢筋 HRB400 Φ18		kg	3.907	3.907	4.977	0.953	3483.975	3320.23
5	螺纹钢筋 HRB400 Φ20		kg	3.907	3.907	4.977	0.953	1134.675	1081.35
6	螺纹钢筋 HRB400 Φ22		kg	3.907	3.907	4.977	0.953	106.6	101.59
7	螺纹钢筋 HRB400 Φ25		kg	3.907	3.907	4.977	0.953	147.6	140.66
8	圆钢 φ6		kg	4.111	4.111	5.196	0.962	179.52	172.7
三	机械								
合计									8364.03

任务 5.4　编制完整结算文件

任务描述

依据计量与计价资料，完善最终结算资料，形成完整的结算编制。

任务实施

1. 结算文件封面

××× 工程主体工程

结

算

书

××× 有限公司

20×× 年 ×× 月 ×× 日

2. 结算文件编制说明

结　算　编　制　说　明

一、工程名称：长沙市 ××× 工程 10 号栋主体工程

二、编制内容：××× 工程 10 号栋主体工程二层至屋面层 KL57。

三、编制依据：

1. 建设工程施工合同；

2. 设计变更通知单及相关施工图纸；

3. 招投标文件及工程量清单；

4. 湖南省住房和城乡建设厅关于印发 2020《湖南省建设工程计价办法》及《湖南

省建设工程消耗量标准》的通知（湘建价〔2020〕56 号）；

5.《建设工程工程量清单计价规范》GB 50500—2013；

6.《湖南省房屋建筑与装饰工程消耗量标准（2020 版）》及其解释文件；

7. 人工费：人工单价根据《湖南省建设工程计价办法（2020 版）》，基期人工费调整系数为 1；

8. 材料基准价为《长沙建设造价》2020 年 11 月发布的材料预算价格，工程用主要材料设备参照《长沙建设造价》发布的价格 ±3% 不予调整，其他材料设备均不可调整。材料单价参照《长沙建设造价》2021 年 3 月至 10 月发布的材料预算价格及市场价（除税价）进行调整。

四、结算金额：

本工程结算总价：壹拾叁万壹仟叁佰叁拾元伍角捌分（131330.58 元）。

20×× 年 ×× 月 ×× 日

3. 结算文件打印装订成册

结算文件装订顺序：

（1）封面；

（2）编制说明；

（3）相关表格（表 5-3-3~ 表 5-3-10）按序排列装订；

（4）编制人员检查后在"编制人"处签字，复核人员检查后在"复核人"处签字；

（5）封面、编制说明及相关表格加盖公章。

项目 6
签证单结算编制

思维导图

项目描述

施工过程中的工程签证主要是指施工企业就合同价中未包含而施工中又实际发生了费用的施工内容所办理的签证。例如，由于甲方要求变更原设计或由于施工条件的变化或由于遇到有经验的施工企业无法预见的突发情况等原因所引起的工程量变化和费用增减都属于工程签证的范畴。工程签证单可视为补充协议，具有与协议书同等的优先解释权。

本项目选取了长沙市某业务用房项目中的两项设计变更导致费用增加的签证作为示例阐述签证单结算编制的方法。

知识储备

1.哪些情况下应该编制工程签证单？

（1）由于建设单位原因，未按合同规定的时间和要求提供材料、场地、设备资料等造成施工企业的停工、窝工损失。

（2）由于建设单位原因决定工程中途停建、缓建或由于设计变更以及设计错误等造成施工企业的停工、窝工、返工而发生的倒运、人员和机具的调迁等损失。

（3）在施工过程中发生的由建设单位造成的停水停电，导致工程不能顺利进行，且时间较长，施工企业又无法安排停工而造成的经济损失。

（4）在技措技改工程中，常遇到在施工过程中由于工作面过于狭小、作业超过一定高度，需要使用大型机具方可保证工程的顺利进行，施工企业应及时将现场实际条件和施工方案通告建设单位，并在征得建设单位同意后实施，此时施工企业应办理工程签证。

（5）对于大检修工程、零星维修项目大多没有正规的施工图纸，往往在检修前由施工企业提出一套检修方案，检修完毕后办理工程签证，然后依据工程签证办理工程结算。此时工程签证工作尤其重要，直接关系到检修结算工作的顺利进行。

2. 签证单结算编制依据有哪些？

（1）工程变更通知等纸质材料；

（2）现场实施图像和现场草签单或简图；

（3）由承包人、监理人、发包人三方现场代表和发包人造价部门复核、审核的签字记录；

（4）月底汇总表（14 天内提交，有统一编号及标准格式）。

上述手续不齐或超过合同约定的时间均视为无效的计价依据。

任务 6.1　项目背景及结算相关资料整理

任务描述

通过本任务的学习，学生能够：

1. 了解签证单 1 与签证单 2 发生的背景及变更情况；

2. 熟悉本项目签证相关资料。

任务实施

6.1.1　项目背景

1. 签证单 1（编号 009 号）

长沙市天心区某业务用房项目在地下车道施工完成至 70% 时甲方要求将该车道净高

由 2.2m 改为 2.4m，即车道底板标高下降 0.2m，从而导致需重新植钢筋，且已支模部分不得不返工，由此增加的费用是合同中没有包含的，故施工方以签证单的形式将该笔费用计入竣工结算。

项目背景及相关资料

2. 签证单 2（编号 011 号）

长沙市天心区某业务用房项目在进入外装饰施工阶段后，甲方要求将主楼门厅雨篷装饰高度由 1.55m 改为 1.3m。由于当时该部分主体已完工，为了实现该设计变更，施工方不得不凿除已浇捣完成的混凝土和已砌好的砖砌体，并另增加一道钢筋混凝土压顶圈梁。由此增加的费用是合同中没有包含的，故施工方以签证单的形式将该笔费用计入竣工结算。

6.1.2　相关资料

1. 009 号签证单

《009 号工程洽商记录》见图 6-1-1;《009 号工程数量签证单》见图 6-1-2;《009 号签证草签单》见图 6-1-3。

2. 011 号签证单

《011 号工程洽商记录》见图 6-1-4;《011 号工程数量签证单》见图 6-1-5,《011 号签证草签单》见图 6-1-6。

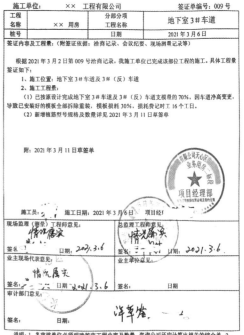

图 6-1-1　009 号工程洽商记录　　　　图 6-1-2　009 号工程数量签证单

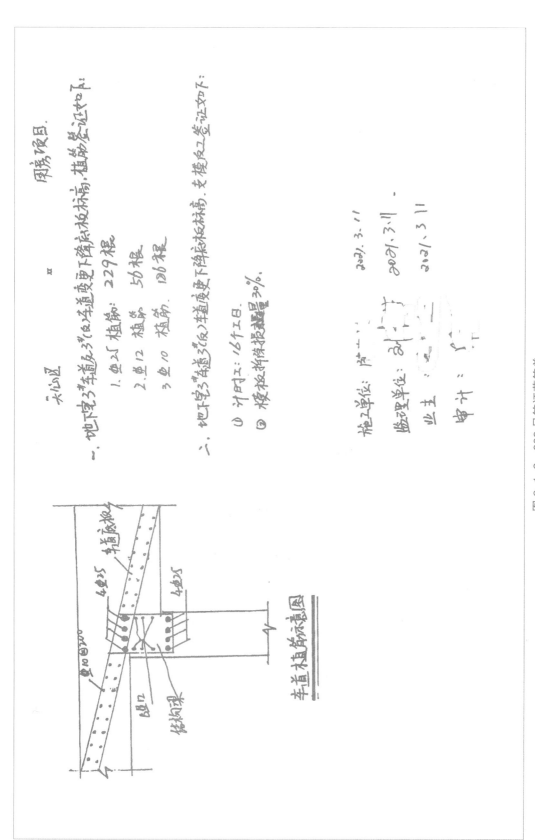

图 6-1-3　009 号签证草签单

工程洽商记录

施工单位：湖南省[redacted]工程有限公司　　　　洽商记录编号：　第 011 号

工程名称	天心区[redacted]、[redacted]业务用房	分部分项工程名称	装饰工程
桩号		日期	2021 年 06 月 25 日

洽商事项：

现阶段，由我单位承担施工的天心区　　××　　业务用房项目外装饰工程施工阶段，应甲方要求 ×× 主楼门厅雨篷装饰高度由 1.85m 改为 1.3 m。该主体部分已完成需返工，增加工程量，请根据现场实际发生情况予以确认，为感！

项目经理：陈　　日期：　2021 年 6 月 25 日

设计单位意见： 签名：　　日期：	监理单位意见： 情况属实。 签名：刘　　日期：2021.6.25
业主现场代表意见： 情况属实 签名：　　日期　2021.6.25	业主单位意见： 签名：　　日期
审计部门意见： 签名：　　日期：	

说明：必须在新增工程量发生以前办理有效。

图 6-1-4　011 号工程洽商记录

工程数量签证单

施工单位：湖南省▇▇工程有限公司　　　　　签证单编号：011 号

工程 名称	▇▇▇▇▇、 ▇▇▇业务用房	分部分项 工程名称	外墙装饰
桩号		日期	2021 年 7 月 2 日

签证内容及工程量：（附签证依据：洽商记录、会议纪要、现场测量记录等）

　　根据 2021 年 6 月 25 日第 011 号工程洽商记录，我施工单位已完成该部位工程的施工。具体
工程量签证如下：

　　1. 施工位置：外墙装饰

　　2. 施工工程量：

　　已按原设计图纸完成了派出所主楼门厅雨棚的主体结构，因甲方要求，需对派出所主楼门厅
雨棚装饰高度调整，导致该部位已施工完的墙体等需人工拆除后按要求重新施工。人工拆除及新
增工程量详见 2021 年 6 月 27 日草签单

　　施工员：　　　　　施工日期：2021 年 6 月 29 日　　　项目经理：

现场监理（测量）工程师意见： 情况属实 签名：　　　日期：2021.6.29	总监理工程师意见： 情况属实 签名：　　　日期：2021.6.29
业主现场代表意见： 情况属实 签名：　　　日期：2021.6.29	业主单位意见： 签名：　　　日期：
审计部门意见： 签名：　　　日期：	

说明：1. 各审核单位必须明确签审工程内容及数量，咨询公司还应计算出相关的综合单。2.
签证单与洽商记录必须对应且编号一致。3. 签证时间必须在签证项目完成一周内办理有效。

图 6-1-5　011 号工程数量签证单

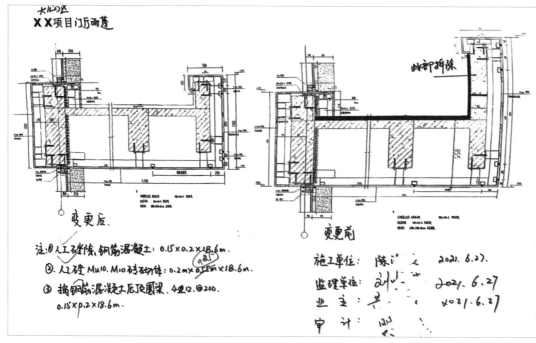

图 6-1-6　011 号签证草签单

任务 6.2　009 号签证单结算编制

 任务描述

根据 009 号签证单的"工程洽商记录""草签单""工程数量签证单"等资料确定由此增加的工程量并进行套价取费,从而得出该份签证单引起的应加入竣工结算的费用。

009 号签证单结算编制

1. 根据合同的约定,变更部分依据湖南省住房和城乡建设厅关于印发 2020《湖南省建设工程计价办法》及《湖南省建设工程消耗量标准》的通知(湘建价〔2020〕56 号)和《湖南省房屋建筑与装饰工程消耗量标准(2020 版)》及其统一解释汇编进行套价取费。

2. 根据合同的约定,变更部分依据《湖南省建设工程造价管理总站关于机械费调整及有关问题的通知》(湘建价市〔2020〕46 号)进行人工费和机械费调差;合同规定计日工按每工日 300 元单价计入其他项目费。

3. 依据合同约定,变更部分按照以下原则进行材料价差调整:

(1)基准价格为 2020 年 11 月份《长沙建设造价》发布的材料预算价格;

（2）工程用主要材料设备（主要仅指钢筋、水泥、商品混凝土、砂石、砌块、电线电缆）施工期参照《长沙建设造价》施工当月发布的价格，且施工期的材料市场价没有超过基准价格的 ±3% 者结算时材料价差不予调整，其他材料设备均不可调整。

4. 依据合同的约定，变更部分的取费按照管理费费率优惠 5%，利润率优惠 5% 的标准进行优惠下浮。

说明：以上内容均摘自本项目合同相关条款。不再具体给出相关合同。

 任务实施

1. 工程量计算

由 009 号签证单的"草签单"和"工程数量签证单"可知，地下室车道底板标高变更导致增加植筋数量如下：Φ25 钢筋 229 根，Φ12 钢筋 56 根，Φ10 钢筋 186 根；并导致增加计日工 16 个。

2. 工程计价

具体步骤如下：

（1）打开现行的工程计价软件，本案例以智多星计价软件为例。

（2）在计价软件开始界面中，点击左上角"新建"按钮，新建工程项目，如图 6-2-1 所示为软件开始界面。

图 6-2-1　软件开始界面

（3）根据资料在新建工程界面的输入框中填好相关内容后点击"确定"按钮，选择"一般计税"模式，模板选择"一般计税清单计价标准模板（电子数据标准）"。图 6-2-2 所示为软件新建工程界面。

（4）新建单位工程，命名为"009# 签证"，双击可进入"工程信息"界面，见图 6-2-3。

（5）因为根据合同的约定，变更部分依据湘建价市〔2020〕46 号文进行机械费调差，所以在工程信息界面选择机械费指数设定为湘建价市〔2020〕46 号文即机械费指数为 0.92。因为根据合同的约定，变更部分的取费按照管理费费率优惠 5%，利润率优惠 5% 的标准进行优惠下浮，所以在工程信息界面将企业管理费率由默认的 9.65% 修改成 4.65%，将利润率由默认的 6% 修改成 1%。图 6-2-4 所示为软件工程信息界面。

从模板新建

一般计税　简易计税　企业（特殊）　用户自定义模板

项目名称：某市某区某业务用房

保存路径：D:\智多星项目造价软件\湖南2020智能云造价软件\计价程序\我的工程\　…

模板选择：一般计税清单计价标准模板（电子数据标准）

项目编码：0001

编制类型：竣工结算

年份：2021年

工程所在地区：长沙

最高投标限价下限比例(%)：0

确定(0)　取消(C)

图 6-2-2　软件新建工程界面

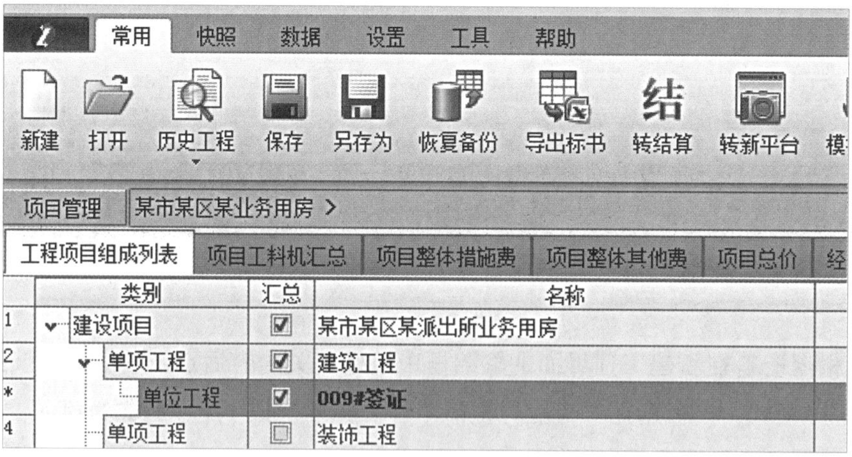

Z　常用　快照　数据　设置　工具　帮助

新建　打开　历史工程　保存　另存为　恢复备份　导出标书　转结算　转新平台　模

项目管理　某市某区某业务用房 ＞

工程项目组成列表　项目工料机汇总　项目整体措施费　项目整体其他费　项目总价　经

	类别	汇总	名称
1	∨ 建设项目	☑	某市某区某派出所业务用房
2	∨ 单项工程	☑	建筑工程
*	单位工程	☑	**009#签证**
4	单项工程	☐	装饰工程

图 6-2-3　软件项目管理界面

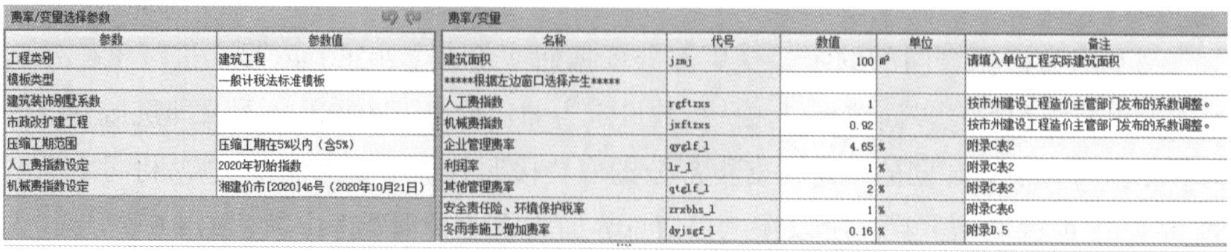

费率/变量选择参数		费率/变量				
参数	参数值	名称	代号	数值	单位	备注
工程类别	建筑工程	建筑面积	jzmj	100	m²	请填入单位工程实际建筑面积
模板类型	一般计税法标准模板	*****根据左边窗口选择产生*****				
建筑装饰别墅系数		人工费指数	rgftzxs	1		按市州建设工程造价主管部门发布的系数调整。
市政改扩建工程		机械费指数	jxftzxs	0.92		按市州建设工程造价主管部门发布的系数调整。
压缩工期范围	压缩工期在5%以内（含5%）	企业管理费率	qrglf_1	4.65	%	附录C表2
人工费指数设定	2020年初始指数	利润率	lr_1	1	%	附录C表2
机械费指数设定	湘建价市[2020]46号（2020年10月21日）	其他管理费率	qtglf_1	2	%	附录C表2
		安全责任险、环境保护税率	zrxbhs_1	1	%	附录C表6
		冬雨季施工增加费率	dyjsgf_1	0.16	%	附录D.5

图 6-2-4　软件工程信息界面

（6）点击"分部分项工程"按钮可进入"分部分项工程费"界面，见图 6-2-5。

图 6-2-5　软件分部分项工程费界面

（7）输入清单编码和植筋定额子目以及工程量

植筋的清单项目应选择"010515001 现浇构件钢筋"进行编码，项目名称根据具体内容自行编辑输入，见图 6-2-6 子目组价界面。首先输入植筋子目及其工程量。

序号		编号	名称	单位	计算式	工程量	取费	单价	合价
			分部分项工程费			—			16663.93
清	1	010515001001	签证单009#（地下室3#车道板返工）	项	1	1		16,663.93	16663.93
子	(1)	A5-71	植筋增加费 钢筋 φ10	100根	186/100	1.86		466.78	868.21
子	(2)	A5-72	植筋增加费 钢筋 φ12	100根	56/100	.56		755.14	422.88
子	(3)	A5-78	植筋增加费 钢筋 φ25	100根	229/100	2.29		6,713.03	15372.84

图 6-2-6　子目组价界面

（8）点击"计日工"按钮可进入"计日工"界面，输入计日工的名称、单位、数量、综合单价，图 6-2-7 所示为计日工界面。

打印序号	名称	单位	数量	综合单价	合价
	计日工				4,800.00
一	人工				4,800.00
1	模板返工	个	16	300	4,800.00

图 6-2-7　计日工界面

点击"其他项目费"按钮可查看，图 6-2-8 所示为其他项目费界面。

（9）再次点击"分部分项工程"按钮进入"分部分项工程费"界面，将光标放在清单项目所在行，在下方出现的"项目特征"栏输入项目特征：直径 25mmHRB 400 钢筋 229 根，直径 12mmHRB 400 钢筋 56 根，直径 10mmHRB 400 钢筋 186 根；计日工 16 个。项目特征界面如图 6-2-9 所示。

序号	名称	计算公式	数量	费率(%)	合价
	其他项目费			100	4,973.29
1	暂列金额	暂列金额		100	
2	暂估价			100	
2.1	材料（工程设备）暂估价	材料暂估价		100	
2.2	专业工程暂估价	专业工程暂估价		100	
2.3	分部分项工程暂估价	分部分项工程暂估价		100	
3	计日工	计日工	4,800.000	100	4,800.00
4	总承包服务费	总承包服务费		100	
5	优质工程增加费	分部分项合计 ＋ 单价措施 ＋ 绿色施工安全防护措施项目费 ＋ 总价措施费	17,329.390		
6	安全责任险、环境保护税	分部分项合计 ＋ 单价措施 ＋ 绿色施工安全防护措施项目费 ＋ 总价措施费	17,329.390	1	173.29
7	提前竣工措施增加费				
8	索赔签证	索赔签证		100	

图 6-2-8　其他项目费界面

图 6-2-9　项目特征界面

（10）材料调差

依据合同约定，工程用主要材料设备（主要仅指钢筋、水泥、商品混凝土、砂石、砌块、电线电缆）施工期参照《长沙建设造价》施工当月发布的价格，且施工期的材料市场价与基准价格的差额在基准价格的 ±3% 以内者结算时材料价差不予调整，其他材料设备均不可调整。

因为"结构胶"不属于主要材料，故不予调整材料价差。

（11）报表呈现

点击"报表"图标进入报表界面，在"结算表格"项目下面勾选需要打印的报表，呈现如下：单位工程竣工结算汇总表（表6-2-1）、分部分项工程项目清单计价表（表6-2-2）、绿色施工安全防护措施项目费计价表（结算）（表6-2-3）、总价措施项目清单计费表（表6-2-4）、其他项目清单与计价汇总表（表6-2-5）、人工、材料、机械汇总表（表6-2-6）。

单位工程竣工结算汇总表　　　　　　　　　　　表 6-2-1

工程名称：009 号签证

序号	工程内容	计费基础说明	费率（%）	金额（元）
一	分部分项工程费	分部分项费用合计		16663.93
1	直接费			15772.77
1.1	人工费			10935.60
1.2	材料费			4287.76

续表

序号	工程内容	计费基础说明	费率（%）	金额（元）
1.2.1	其中：工程设备费 / 其他	（详见附录 C 说明第 2 条规定计算）		
1.3	机械费			549.41
2	管理费		4.65	733.41
3	其他管理费	（按附录 C 说明第 2 条规定计算）	2	
4	利润		1	157.73
二	措施项目费			665.46
1	单价措施项目费	单价措施项目费合计		
1.1	直接费			
1.1.1	人工费			
1.1.2	材料费			
1.1.3	机械费			
1.2	管理费		4.65	
1.3	利润		1	
2	总价措施项目费	（按 E.20 总价措施项目计价表计算）		26.66
3	绿色施工安全防护措施项目费			638.80
3.1	固定费率部分	（按 E.22 绿色施工安全防护措施费计价表计算）	4.05	638.80
3.2	按工程量计算部分	（按 E.22 绿色施工安全防护措施费计价表计算）		
三	其他项目费	（按 E.23 其他项目计价汇总表计算）		4973.29
四	税前造价	一 + 二 + 三		22302.68
五	销项税额	四	9	2007.24
六	总价优惠	四 + 五		
	单位工程建安造价	四 + 五		24309.92

分部分项工程项目清单计价表　　　　　　表 6-2-2

工程名称：009 号签证　　　　　　标段：

序号	项目编码	项目名称	项目特征描述	计量单位	工程量	金额（元） 综合单价	金额（元） 合价
1	010515001001	签证单 009 号（地下室 3 号车道板返工）	直径 25mm 钢筋 229 根，直径 12mm 钢筋 56 根，直径 10mm 钢筋 186 根；计日工 16 个	项	1.00	16663.93	16663.93
1.1	A5-71	植筋增加费 钢筋Φ10		100 根	1.86	466.78	868.21
1.2	A5-72	植筋增加费 钢筋Φ12		100 根	0.56	755.14	422.88
1.3	A5-78	植筋增加费 钢筋Φ25		100 根	2.29	6713.03	15372.84
		本页合计					16663.93
		合计					16663.93

绿色施工安全防护措施项目费计价表（结算）　　表 6-2-3

工程名称：009 号签证　　　　　　　　标段：　　　　　　　　第 1 页共 1 页

序号	工程内容	计费基数	金额（元）	备注
一	按固定费率部分	直接费	638.80	按附录 C 表 5 相应固定费率标准
	按工程量计算部分	1+2.1+2.3+2.4		
	按项计算措施项目费			
	智慧管理设备系统			
	扬尘喷淋系统			
	雾炮机			
	扬尘在线监测系统			
1.5	其他按项计算措施项目费			
2	单价措施项目费			按工程量及综合单价
三	绿色施工安全防护措施费总计	1+2.1+2.3+2.4	638.80	

总价措施项目清单计费表　　表 6-2-4

工程名称：009 号签证　　　　　　　　标段：

序号	项目编号	项目名称	计算基础	费率（%）	金额（元）
1	011707005001	冬雨季施工增加费	分部分项工程费 + 单价措施费	0.16	26.66
		合计			26.66

其他项目清单与计价汇总表　　表 6-2-5

工程名称：009 号签证　　　　　　　　标段：

序号	项目名称	计费基础 / 单价	费率 / 数量	合计金额（元）
1	暂列金额			
2	暂估价			
2.1	材料（工程设备）暂估价			
2.2	专业工程暂估价			
2.3	分部分项工程暂估价			
3	计日工			4800.00
4	总承包服务费			
5	优质工程增加费			
6	安全责任险、环境保护税		1	173.29
7	提前竣工措施增加费			
8	索赔签证			
9	其他项目费合计	1+2.2+2.3+3+4+5+6+7+8		4973.29

序号	编码	名称（材料、机械规格型号）	单位	数量	单价（元）	合价（元）	备注
1	H00001	人工费	元	10935.6	1	10935.60	
2	14410500001	结构胶	L	59.504	69.96	4162.90	
3	88010500001	其他材料费	元	124.887	1	124.89	
4	JX001	其他机械费	元	597.192	0.92	549.42	
	本页小计		元			15772.81	
	合计		元			15772.81	

人工、材料、机械汇总表　　表 6-2-6

工程名称：009 号签证　　　　标段：　　　　第 1 页共 1 页

任务 6.3　011 号签证单结算编制

任务描述

　　根据 011 号签证单的"工程洽商记录""草签单""工程数量签证单"等资料确定由此增加的工程量，并进行套价取费，从而得出该份签证单引起的应加入竣工结算的费用。

011 号签证结算编制

　　1. 根据合同的约定，变更部分依据湖南省住房和城乡建设厅关于印发 2020《湖南省建设工程计价办法》及《湖南省建设工程消耗量标准》的通知（湘建价〔2020〕56 号）和《湖南省房屋建筑与装饰工程消耗量标准（2020 版）》及其统一解释汇编进行套价取费。

　　2. 根据合同的约定，变更部分依据湘建价市〔2020〕46 号文进行人工费和机械费调差。

　　3. 依据合同约定，变更部分按照以下原则进行材料价差调整：

　　（1）材料基准价格为 2020 年 11 月份《长沙建设造价》发布的材料预算价格；

　　（2）工程用主要材料设备（主要仅指钢筋、水泥、商品混凝土、砂石、砌块、电线电缆）施工期参照《长沙建设造价》施工当月发布的价格，且施工期的材料市场价与材料基准价格的差额在基准价格的 ±3% 以内者结算时材料价差不予调整，其他材料设备均不可调整。

　　4. 依据合同的约定，变更部分的取费按照管理费费率优惠 5%，利润率优惠 5% 的标准进行优惠下浮。

　　5. 合同附件：《分部分项工程项目清单与措施项目清单计价表合同摘选》（表 6-3-1）、《主要材料基准价格表合同摘选》（表 6-3-2）。

分部分项工程项目清单与措施项目清单计价表（合同摘选）　　表 6-3-1

项目编码	项目名称	项目特征描述	计量单位	综合单价（元）
010503004001	圈梁	商品混凝土 C20	m³	654.12
A5-100	现浇混凝土梁 圈梁		10m³	6541.29
010515001001	现浇构件钢筋	圈梁主筋：带肋钢筋 直径（mm）12	t	5814.26
A5-17	普通钢筋 带肋钢筋 直径（mm）12		t	5814.26
010515001002	现浇构件钢筋（圈梁箍筋）	圈梁箍筋：圆钢筋 直径（mm）8	t	6068.46
A5-2	普通钢筋 圆钢 直径（mm）8		t	6068.46
011702008001	圈梁模板	圈梁模板：木模板 木支撑	m²	65.98
A19-27	现浇混凝土模板 圈梁 直形 木模板 木支撑		100m²	6598.40

主要材料基准价格表（合同摘选）　　表 6-3-2

序号	编码	名称	单位	单价（含税）（元）	单价（不含税）（元）
1	01010300007	螺纹钢筋 HRB400 Φ12	kg	4.589	4.063
2	01090100011	圆钢 Φ8	kg	4.504	3.988
3	34110100002	水	t	4.532	4.4
4	34110200001	电	kWh	0.699	0.619
5	35010300002	木模板 2440×1220×15	m²	29.446	26.07
6	80210400003	商品混凝土（砾石）C20	m³	539.65	520.898

注明：以上内容均摘自本项目合同相关条款，不再具体给出相关合同。

 任务实施

1. 工程量计算

由 011 号签证单的"草签单"和"工程数量签证单"可知，门厅雨篷装饰高度变更导致已浇筑完成的钢筋混凝土需要凿除，已砌筑完成的砖砌体需要凿除，另需新浇筑钢筋混凝土圈梁一道，圈梁钢筋配置主筋 4Φ12，圈梁箍筋Φ8@200。

工程量计算如下：

凿除原钢筋混凝土：$0.15 \times 0.2 \times 18.6 = 0.558 m^3$

凿除原砖砌体：$0.2 \times 0.25 \times 18.6 = 0.93 m^3$

钢筋混凝土圈梁：$0.15 \times 0.2 \times 18.6 = 0.558 m^3$

圈梁主筋 4Φ12：$(18.6 + 36 \times 0.012) \times 4$ 根 $\times 0.888 kg/m = 67.60 kg$

圈梁箍筋Φ8@200：0.7×94 根 $\times 0.395 kg/m = 25.99 kg$

圈梁模板：$18.6 \times 0.15 \times 2$ 面 $= 5.58 m^2$

2. 工程计价

（1）打开现行工程计价软件，本案例以智多星计价软件为例。

（2）在软件开始界面中，点击左上角"打开"按钮，打开之前新建好的工程项目"某市某区某业务用房"，图 6-3-1 所示为软件开始界面。

图 6-3-1　软件开始界面

（3）右键点击菜单在单位工程"009# 签证"下面一行快速新增单位工程"011# 签证"，图 6-3-2 所示为软件项目管理界面。

类别	汇总	名称
建设项目	☑	某市某区某业务用房
单项工程	☑	建筑工程
单位工程	☑	**009#签证**
单位工程	☑	**011#签证**

图 6-3-2　软件项目管理界面

（4）双击"011# 签证"，可进入"工程信息"界面。

因为根据合同的约定，变更部分依据湘建价市〔2020〕46 号文进行机械费调差，所以在工程信息界面选择机械费指数设定为湘建价市〔2020〕46 号文即机械费指数为 0.92。

因为根据合同的约定，变更部分的取费按照管理费费率优惠 5%，利润率优惠 5% 的标准进行优惠下浮，所以在工程信息界面将企业管理费率由默认的 9.65% 修改成 4.65%，将利润率由默认的 6% 修改成 1%。软件工程信息界面如图 6-3-3 所示。

图 6-3-3 软件工程信息界面

（5）点击"分部分项工程"按钮可进入"分部分项工程费"界面，见图 6-3-4。

图 6-3-4 软件分部分项界面

（6）在"分部分项工程费"界面输入清单编码和定额子目、工程量、项目特征。其中，"圈梁""圈梁主筋""圈梁箍筋"等合同附件中已有的项目，其清单编码、定额子目均需与合同附件中的清单编码、定额子目保持一致；"钢筋混凝土圈梁拆除"和"砖砌体拆除"是新增项目，应套用施工当年适用的修缮定额相关子目。子目组价界面如图 6-3-5所示。

			分部分项工程费			—		1237.25
清	1	011602002001	钢筋混凝土圈梁拆除	m3	0.558	.558	357.20	199.32
子	(1)	01-01113	凿除现浇钢筋混凝土圈梁	10m3	Q/10	.0558	3,572.03	199.32
清	2	011601001001	砖砌体拆除	m3	0.93	.93	128.80	119.78
子	(1)	01-01046	拆除砖墙	10m3	Q/10	.093	1,287.94	119.78
清	3	010503004001	圈梁	m3	0.558	.558	654.12	365
子	(1)	A5-100	现浇混凝土梁 圈梁	10m3	Q/10	.0558	6,541.29	365
清	4	010515001001	圈梁主筋	t	0.068	.068	5,814.26	395.37
子	(1)	A5-17	普通钢筋 带肋钢筋 直径(mm) 12	t	Q	.068	5,814.29	395.37
清	5	010515001002	圈梁箍筋	t	0.026	.026	6,068.46	157.78
子	(1)	A5-2	普通钢筋 圆钢 直径(mm) 8	t	Q	.026	6,068.38	157.78

图 6-3-5 子目组价界面

在"单价措施项目"界面中输入圈梁模板的清单与子目。"圈梁模板"是合同附件中已有的项目，其清单编码、定额子目均需与合同附件中的清单编码、定额子目保持一致。措施项目界面如图 6-3-6 所示。

		以综合单价形式计价的措施项目			-		368.17
部	一	单价措施			-		368.17
清	1	011702008001	圈梁模板	m2	5.58	5.58	65.98	368.17
子	C.	A19-27	现浇混凝土模板 圈梁 直形 木模板 木支撑	100m²	Q/100	.0558	6,598.40	368.19
部	二	绿色施工安全防护_单价措施					

图 6-3-6　措施项目界面

（7）报表呈现：《单位工程竣工结算汇总表》（表 6-3-3）、《分部分项工程项目清单计价表》（表 6-3-4）、《单价措施项目清单计费表》（表 6-3-5）、《绿色施工安全防护措施项目费计价表》（表 6-3-6）、《其他项目清单计价汇总表》（表 6-3-7）、《总价措施项目清单计费表》（表 6-3-8）。

单位工程竣工结算汇总表（调材料价差前）　　　表 6-3-3

工程名称：011 号签证

序号	工程内容	计费基础说明	费率（%）	金额（元）
一	分部分项工程费	分部分项费用合计		1237.25
1	直接费			1171.08
1.1	人工费			449.08
1.2	材料费			716.11
1.2.1	其中：工程设备费 / 其他	（详见附录 C 说明第 2 条规定计算）		
1.3	机械费			5.89
2	管理费		4.65	54.44
3	其他管理费	（按附录 C 说明第 2 条规定计算）	2	
4	利润		1	11.70
二	措施项目费			432.28
1	单价措施项目费	单价措施项目费合计		368.17
1.1	直接费			348.50
1.1.1	人工费			280.79
1.1.2	材料费			62.29
1.1.3	机械费			5.42
1.2	管理费		4.65	16.21
1.3	利润		1	3.49
2	总价措施项目费	（按 E.20 总价措施项目计价表计算）		2.57
3	绿色施工安全防护措施项目费			61.54
3.1	固定费率部分	（按 E.22 绿色施工安全防护措施费计价表计算）	4.05	61.54
3.2	按工程量计算部分	（按 E.22 绿色施工安全防护措施费计价表计算）		
三	其他项目费	（按 E.23 其他项目计价汇总表计算）		16.70
四	税前造价	一 + 二 + 三		1686.23

续表

序号	工程内容	计费基础说明	费率（%）	金额（元）
五	销项税额	四	9	151.76
六	总价优惠	四 + 五		
	单位工程建安造价	四 + 五		1837.99

分部分项工程项目清单计价表　　　　　表 6-3-4

工程名称：011 号签证

序号	项目编码	项目名称	项目特征描述	计量单位	工程量	金额（元）	
						综合单价	合价
1	011602002001	钢筋混凝土圈梁拆除	凿除原钢筋混凝土圈梁	m³	0.558	357.20	199.32
1.1	01-01113	凿除现浇钢筋混凝土圈梁		10m³	0.0558	3572.03	199.32
2	011601001001	砖砌体拆除	凿除原砖砌体	m³	0.93	128.80	119.78
2.1	01-01046	拆除砖墙		10m³	0.093	1287.94	119.78
3	010503004001	圈梁	商品混凝土（砾石）C20	m³	0.558	654.12	365.00
3.1	A5-100	现浇混凝土梁 圈梁		10m³	0.0558	6541.29	365.00
4	010515001001	圈梁主筋	圈梁主筋：带肋钢筋 直径（mm）12	t	0.068	5814.26	395.37
4.1	A5-17	普通钢筋 带肋钢筋 直径（mm）12		t	0.068	5814.29	395.37
5	010515001002	圈梁箍筋	圈梁箍筋：圆钢筋直径（mm）8	t	0.026	6068.46	157.78
5.1	A5-2	普通钢筋圆钢直径（mm）8		t	0.026	6068.38	157.78
		合计					1237.25

"分部分项工程项目清单计价表"与"单价措施项目清单计价表"中，"圈梁""圈梁主筋""圈梁箍筋""圈梁模板"等合同附件中已标价工程量清单项目，其综合单价均需与合同附件中的综合单价保持一致。

单价措施项目清单计价表　　　　　表 6-3-5

工程名称：011 号签证

序号	项目编码	项目名称	项目特征描述	计量单位	工程量	金额（元）	
						综合单价	合价
1	011702008001	圈梁模板	直形 木模板 木支撑	m²	5.58	65.98	368.17
1.1	A19-27	现浇混凝土模板 圈梁		100m²	0.0558	6598.40	368.17
		合计					368.17

绿色施工安全防护措施项目费计价表　　　　　表 6-3-6

工程名称：011 号签证　　　　　　　　　　标段：

序号	工程内容	计费基数	金额（元）
一	按固定费率部分	直接费	61.54
二	按工程量计算部分	1+2.1+2.3+2.4	
1	按项计算措施项目费		
1.1	智慧管理设备系统		
1.2	扬尘喷淋系统		
1.3	雾炮机		
1.4	扬尘在线监测系统		
1.5	其他按项计算措施项目费		
2	单价措施项目费		
三	绿色施工安全防护措施费总计	1+2.1+2.3+2.4	61.54

其他项目清单计价汇总表　　　　　　　　　表 6-3-7

工程名称：011 号签证　　　　　　　　　　标段：

序号	项目名称	计费基础 / 单价	费率 / 数量	合计金额（元）
1	暂列金额			
2	暂估价			
2.1	材料（工程设备）暂估价			
2.2	专业工程暂估价			
2.3	分部分项工程暂估价			
3	计日工			
4	总承包服务费			
5	优质工程增加费			
6	安全责任险、环境保护税		1	16.70
7	提前竣工措施增加费			
8	索赔签证			
9	其他项目费合计	1+2.2+2.3+3+4+5+6+7+8		16.70

总价措施项目清单计费表　　　　　　　　　表 6-3-8

工程名称：011 号签证　　　　　　　　　　标段：

项目编号	项目名称	计算基础	费率（%）	金额（元）
011707005001	冬雨季施工增加费	分部分项工程费 + 单价措施费	0.16	2.57
	合计			2.57

159

工料汇总表 表 6-3-9

基本信息			消耗量			单价			
名称	型号规格	单位	合计	招标数量	其中甲供	基期价	不含税价	税率（%）	含税价
综合人工		工日	1.875			70	161		161
人工费		元	428.016			1	1		1
螺纹钢筋 HRB400 Φ12		kg	69.7			4.07	4.063	12.95	4.589
圆钢Φ8		kg	26.52			4.29	3.988	12.95	4.504
单层养护膜		m²	2.305			1.1	1.1	12.95	1.242
低碳钢焊条 综合		kg	0.49			6.02	6.02	12.95	6.8
圆钉 L50~75		kg	0.088			6.5	6.5	12.95	7.342
镀锌铁丝 φ0.7		kg	0.522			5.35	5.35	12.95	6.043
镀锌铁丝 φ4.0		kg	0.01			5.35	5.35	12.95	6.043
杉木锯材		m³	0.011			1830	1830	12.95	2066.985
土工布		m²	0.23			6.86	6.86	12.95	7.748
隔离剂		kg	0.558			4.51	4.51	12.95	5.094
塑料粘胶带 20mm×50m		卷	0.251			2.75	2.75	12.95	3.106
水		t	0.165			4.39	4.4	3	4.532
电		kWh	0.129			8	.619	13	.699
木模板 2440×1220×15		m²	1.377			36.71	26.07	12.95	29.446
其他材料费		元	23.543			1	1	12.95	1.13
其他材料费		元	0.177			1	1	12.95	1.13
商品混凝土（砾石）C20		m³	0.566			533.07	520.898	3.6	539.65

表 6-3-9 中的主材价格应与合同附件中的材料基准价格保持一致。依据湘建价市〔2020〕46 号文，修缮定额的人工费按 140 元 / 工日 ×1.15=161 元 / 工日的单价进行结算；非修缮定额子目的人工费调整系数为 1。

（8）调材料调差

依据合同约定，变更部分按照以下原则进行材料价差调整：

1）材料基准价格为 2020 年 11 月份《长沙建设造价》发布的材料预算价格。

2）主要材料（仅指钢筋、水泥、商品混凝土、砂石、砌块、电线电缆）施工期价格参照《长沙建设造价》施工当月发布的价格，且施工期的材料市场价与材料基准价格的差额在基准价格的 ±3% 以内者结算时材料价差不予调整。其他非主要材料设备均不可调整。材料价格表见表 6-3-10。

材料价格表

表 6-3-10

材料名称	基准期材料价格（不含税） （基准期为 2020 年 11 月）	施工期材料价格（不含税） （施工期为 2021 年 6 月）
螺纹钢筋 HRB400 Φ12	4.063 元 /kg	4.979 元 /kg
圆钢 Φ8	3.988 元 /kg	4.942 元 /kg
商品混凝土 C20	520.898 元 /m³	497.519 元 /m³
木模	26.07 元 /m²	26.78 元 /m²

由上表可知，HRB400 Φ12 钢筋和圆钢 Φ8 的涨幅已经超过了基准价的 3%，商品混凝土 C20 的跌幅也超过了基准价的 3%，故上述三种主材均需调整材料价差；木模的涨幅未超过基准价的 3%，故无需调整材料价差。

材料价差计算见表 6-3-11、表 6-3-12。

材料价差直接费计算表

表 6-3-11

材料名称	合同单价 （不含税）	结算单价 （不含税）	单位价差＝结算 单价 - 合同单价	材料数量	价差合计＝单位 价差 × 材料数量
螺纹钢筋 HRB400 Φ12	4.063 元 /kg	4.979 元 /kg	0.916 元 /kg	69.7kg	63.84 元
圆钢 Φ8	3.988 元 /kg	4.942 元 /kg	0.954 元 /kg	26.52kg	25.300 元
商品混凝土 C20	520.898 元 /m³	497.519 元 /m³	−23.379 元 /m³	0.566m³	−13.23 元
合计					75.91 元

材料价差取费计算表

表 6-3-12

名称	计算式	金额	备注
直接费	见表 6-3-11	75.91 元	
利润	75.91 × 1%	0.76 元	利润率 1%
企业管理费	75.91 × 4.65%	3.53 元	企业管理费率 4.65%
绿色施工安全防护措施费 （固定费率部分）	75.91 × 4.05%	3.07 元	绿色施工安全防护措施费固定费率 4.05%
冬雨季施工增加费	75.91 × 0.6%	0.46 元	冬雨季施工增加费率 0.6%
安全责任险、环境保护税	75.91 × 1%	0.76 元	安全责任险环境保护税率 1%
材料价差（计税前）	75.91+0.76+3.53+3.07+0.46+0.76	84.49 元	
销项税额	84.49 × 9%	7.60 元	税率 9%
材料价差（计税后）	84.49+7.60	92.09 元	

（9）单位工程竣工结算汇总表（表 6-3-13）

单位工程竣工结算汇总表（调材料价差后）　　表 6-3-13

项目名称：011 号签证

序号	工程内容	计费基础说明	费率（%）	金额（元）
一	分部分项工程费	分部分项费用合计		1237.25
1	直接费			1171.08
1.1	人工费			449.08
1.2	材料费			716.11
1.2.1	其中：工程设备费 / 其他	（详见附录 C 说明第 2 条规定计算）		
1.3	机械费			5.89
2	管理费		4.65	54.44
3	其他管理费	（按附录 C 说明第 2 条规定计算）	2	
4	利润		1	11.70
二	措施项目费			432.28
1	单价措施项目费	单价措施项目费合计		368.17
1.1	直接费			348.50
1.1.1	人工费			280.79
1.1.2	材料费			62.29
1.1.3	机械费			5.42
1.2	管理费		4.65	16.21
1.3	利润		1	3.49
2	总价措施项目费	（按 E.20 总价措施项目计价表计算）		2.57
3	绿色施工安全防护措施项目费			61.54
3.1	固定费率部分	（按 E.22 绿色施工安全防护措施费计价表计算）	4.05	61.54
3.2	按工程量计算部分	（按 E.22 绿色施工安全防护措施费计价表计算）		
三	其他项目费	（按 E.23 其他项目计价汇总表计算）		16.70
四	税前造价	一 + 二 + 三		1686.23
五	销项税额	四	9	151.76
六	总价优惠	四 + 五		
七	单位工程建安造价（调材料价差前）	四 + 五		1837.99
八	取费后的材料价差			92.09
九	单位工程建安造价（调材料价差后）	七 + 八		1930.08

模块 3　房屋建筑工程结算审核

学习目标

1. 素质目标：培养学生良好的工作习惯，培养学生精益求精、精准完成造价管理的专业态度。能在社会发展的大背景下，认识到自主学习和终身学习的必要性。具有自主学习和终身学习的意识，有不断学习和适应行业与社会发展需求变化的能力。

2. 知识目标：了解合同价款的调整类型。熟悉《建设工程施工合同示范文本》等文件，熟悉工程计量与支付的程序、方法，熟悉进度款结算、竣工结算的程序、方法。掌握计量与计价相关软件的应用。

3. 能力目标：正确识读工程图纸提取工程量计算数据的能力；运用《建设工程施工合同示范文本》等相关规范，具有计算调整合同价款的能力；良好的沟通能力；能运用计价软件编制工程结算文件的能力；能依据合同约定进行工程竣工价款结算的能力。

思政目标

1. 理解诚实公正、诚信守则的工程职业道德和规范，并能在工程造价管理实践中自觉遵守。

2. 引导学生树立正确使用知识和技能为国家服务的观念。

3. 具有正确的人生观、价值观和世界观，理解个人与社会的关系，了解我国国情。

4. 能在团队中合作开展工作。

5. 能够就本专业问题，通过口头、文稿、图表等形式，准确表达自己的观点，回应质疑，并能理解和业界同行与社会公众交流的差异性。

6. 能够理解工程师对公众的安全、健康、福祉以及环境保护的社会责任，并在造价管理实践中自觉履行责任。

模块概述

通过本模块的学习，学生能够依据结算报审资料、施工合同、现场勘探情况、计价办法和计算规则等，完成房屋建筑工程结算审核。

项目 7

保温工程结算审核

思维导图

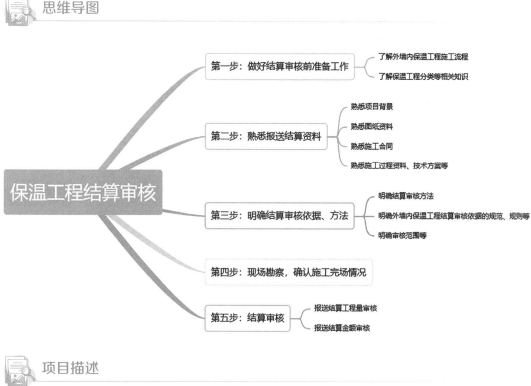

保温工程结算审核

第一步：做好结算审核前准备工作
- 了解外墙内保温工程施工流程
- 了解保温工程分类等相关知识

第二步：熟悉报送结算资料
- 熟悉项目背景
- 熟悉图纸资料
- 熟悉施工合同
- 熟悉施工过程资料、技术方案等

第三步：明确结算审核依据、方法
- 明确结算审核方法
- 明确外墙内保温工程结算审核依据的规范、规则等
- 明确审核范围等

第四步：现场勘察，确认施工完场情况

第五步：结算审核
- 报送结算工程量审核
- 报送结算金额审核

项目描述

本项目从某工程外墙内保温工程报送的结算工程量和结算金额入手，详细介绍了如何依据施工合同、现场实际完成工程量、计价办法和计算规则等进行结算工程量和结算金额审核。通过本项目的学习，学生能够：

1. 正确解读、理解报送的结算工程量和结算金额。

2. 依据施工合同、现场实际完成工程量和计算规则等完成结算工程量审核。

3. 依据施工合同、结算审核工程量等完成结算金额审核。

保温工程知识储备

📖 知识储备

　　建筑物的耗热量主要是由围护结构的传热损失引起的，建筑围护结构的传热损失占总耗热量的 73%~77%。在围护结构的传热损失中，外墙约占 25%，减少墙体的传热损失能显著提高建筑的节能效果。在我国的相关节能标准中，不仅对围护结构墙体的主体部分提出了保温隔热要求，而且对围护结构中的构造柱、圈梁等周边热桥部分也提出了保温要求。

　　外墙的保温构造，按其保温层所在的位置不同分为单一保温外墙、外保温外墙、内保温外墙和夹芯保温外墙 4 种类型，如图 7-0-1 所示。

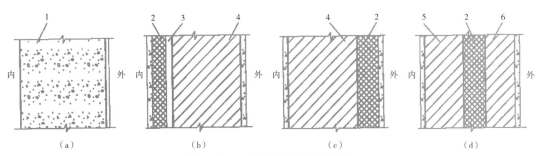

图 7-0-1　外墙保温结构的类型
1—主体结构兼保温材料；2—保温材料；3—空气层；4—主体结构；5—内层墙体；6—外层墙体
（a）单一保温墙体；（b）内保温墙体；（c）外保温墙体；（d）夹芯保温墙体

1. 外墙外保温

　　外墙外保温是指在建筑物外墙的外表面上设置保温层。其构造由外墙、保温层、保温层的固定和面层等部分组成，具体构造示意如图 7-0-2 所示。外墙外保温即将保温材料置于主体围护结构的外侧，是一种科学、高效的保温节能技术。

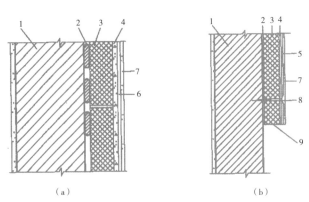

图 7-0-2　外墙保温基本构造
1—主体结构；2—胶粘剂；3—保温层；4—抹灰层；5—有钢丝网加强的抹灰层；
6—加强网布；7—饰面层；8—固定件；9—底边覆盖条
（a）外墙外保温基本构造（一）；（b）外墙外保温基本构造（二）

（1）外墙外保温的构造

1）保温层。保温层是导热系数小的高效轻质保温材料层，外保温材料的导热系数通常小于0.05W/（K·m）。保温层的厚度需要经过节能计算确定，要满足节能标准对不同地区墙体的保温要求，保温材料应具有较低的吸湿率及较好的粘结性能。常用的外保温材料有：膨胀型聚苯乙烯板（EPS）、挤塑型聚苯乙烯板（XPS）、岩棉板、玻璃棉毡以及超轻保温浆料等。

2）保温层的固定。不同的外保温体系，固定保温层的方法各不相同，有的采用粘贴的方式，有的采用钉固的方式，也可以采用粘贴与钉固相结合的方式。采用钉固方式时，通常采用膨胀螺栓或预埋筋等固件将保温层固定在基层上。国外常用不锈蚀且耐久的不锈钢、尼龙或聚丙烯等材料作锚固件。国内常用经过防锈处理的钢质膨胀螺栓作为锚固件。超轻保温浆可直接涂抹在外墙表面上。

3）保温层的面层。保温层的面层具有保护和装饰作用，其做法各不相同，薄面层一般为聚合物水泥胶浆抹面，厚面层则采用普通水泥砂浆抹面，有的则在龙骨上吊挂板材或在水泥砂浆层上贴瓷砖覆面。

（2）外墙外保温的特点

与内保温墙体比较，外保温墙体有下列优点：

1）外墙外保温系统不会产生热桥，因此具有良好的建筑节能效果。

2）外保温对提高室内温度的稳定性有利。

3）外保温墙体能有效地减少温度波动对墙体的破坏，保护建筑物的主体结构，延长建筑物的使用寿命。

4）外保温墙体构造可用于新建的建筑物墙体，也可以用于旧建筑外墙的节能改造。在旧房的节能改造中，外保温结构对居住者影响较小。

5）外保温有利于加快施工进度，室内装修不致破坏保温层。

2. 外墙内保温

（1）外墙内保温构造

外墙内保温构造由主体结构与保温结构两部分组成，主体结构一般为砖砌体、混凝土墙等承重墙体，也可以是非承重的空心砌块或加气混凝土墙体。保温结构由保温板和空气层组成，常用的保温板有 GRC 内保温板、玻纤增强石膏外墙内保温板、P-GRC 外墙内保温板等；空气层的作用既能防止保温材料变潮，也能提高墙体的保温能力。

（2）外墙内保温的特点

外墙内保温大多采用干作业施工，使保温材料避免了施工水分的侵入而变潮。对于冬季采暖的房间，外墙的内外两侧存在着温度差，在墙体内外两侧形成了水蒸气的分压力差，水蒸气逐渐由室内通过外墙向室外扩散。由于主体结构墙的蒸汽渗透性能远低于保温结构，因此，水蒸气不容易穿过主体结构墙，处理不好往往会在保温层中产生水蒸气的凝结水，影响保温性能。通常的处理方法是在保温层靠室内的一侧加设隔汽层，防止水蒸气进入保温层内部。但这种方法也同时影响了墙体内部的水蒸气向室内空间的排出，不利于墙体的干燥和室内温度的调节。因此，在内保温复合墙体中，也可以不采用在保温层靠近室内一侧设隔汽层的办法，而是在保温层与主体结构之间加设一个空气间层。该方法的优点是防潮可靠，并且还能解决传统隔汽层在春、夏、秋三季难以将内部湿气排向室内的问题，同时空气层还提高了墙体的保温能力。

内保温复合外墙在构造中存在一些保温上的薄弱部位，对这些地方必须加强保温措施，常见的部位有：

1）内外墙交接处：内外墙交接处是保温的薄弱部位，处理不好容易出现结露现象，处理的办法是将保温层拐入内墙一定距离，对接近外墙的一段内墙也进行保温处理。

2）外墙转角部位：转角部位墙体的内表面温度较其他部位低很多，必须加强保温处理。

3）保温结构中龙骨部位：龙骨一般设置在板缝处，龙骨处理不好容易形成"热桥"，降低了保温结构的保温隔热性能。以石膏板为面层的现场拼装保温板采用聚苯石膏复合保温龙骨，以降低该部位的传热。

任务7.1　项目背景及外墙内保温审核相关资料整理

 任务描述

通过本任务的学习，学生能够：

1. 了解本工程项目背景；

2. 熟悉本项目施工合同、图纸资料、施工单位报送的结算工程量和结算金额等相关资料。

 任务实施

7.1.1　项目背景

某工程对外墙内保温工程进行了专业分包。双方在合同中约定，甲方将×××项目外墙内保温工程以包工包料形式分包给乙方施工，施工要求外墙、柱、梁、窗洞口及所有需做保温层的位置都必须按图纸总说明及设计变更要求和保温规范做法保质保量完成。现施工完成，质量达标，通过验收。施工单位报审外墙内保温结算工程量和结算金额，要求对结算工程量和结算金额进行审定。

项目背景及相关资料

7.1.2　相关资料

1. 外墙内保温专业分包合同

工程合同详见本教材 2.2.4 部分外墙内保温专业分包合同。

2. 图纸资料

外墙保温层工序做法按图纸及变更要求施工，具体如下：基层外墙砌体→基层打底20mm 厚抹 1：2 水泥砂浆找平层→发泡水泥无机保温板→平铺保温板网格布→4mm 厚水泥抗裂砂浆。

外墙内保温性能参数见图 7-1-1。

10 号栋各户型图如图 7-1-2~ 图 7-1-4 所示，各户型套数均为 31 户。

3. 施工单位报送某住宅楼外墙内保温工程结算工程量计算文件

10 号栋各户型外墙内保温工程结算工程量报审表见表 7-1-1~ 表 7-1-4，户型外墙内保温工程结算工程量汇总报审表见表 7-1-5。

计算说明：热桥向室内墙体延伸长度为 0.6m，飘窗底部和顶部保温，计入墙面保温，飘窗板侧边保温计入卧室墙面保温，各房间保温层计算长度扣减了水泥砂浆抹灰层厚度 20mm。

图 7-1-1　外墙内保温性能参数图

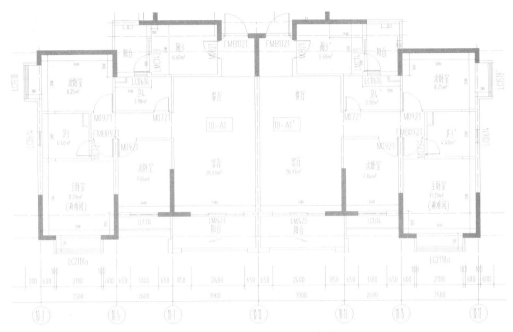

图 7-1-2　10 号栋 10-A1、10-A1′户型平面图

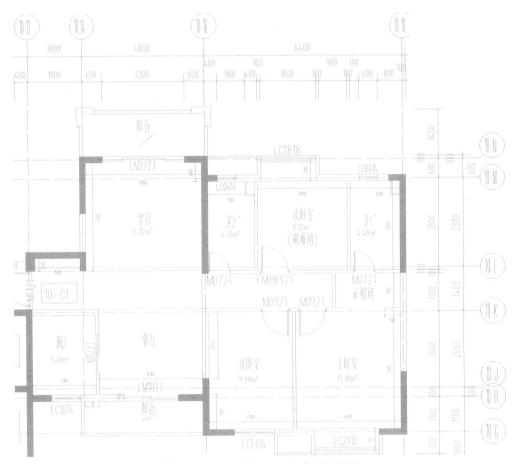

图 7-1-3　10 号栋 10-C1 户型平面图

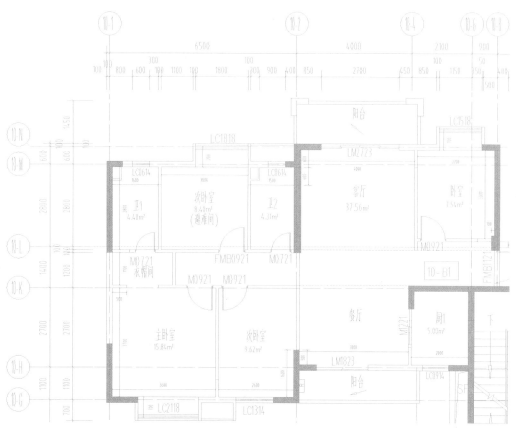

图 7-1-4　10 号栋 10-B 户型平面图

10 号栋 10-A1 户型外墙内保温工程结算工程量报审表　　　　表 7-1-1

序号	房间号（位置）	计算式	单位	数量	备注
	10-A1				
1	飘窗板	（2.06×0.7+1.46×0.7）×2	m²	4.93	
2	主卧室	（1.58+3.26+3.26+0.6）×2.9−2.06×1.76（LC2118a）+（1.76×2）×0.7（窗侧）	m²	24.07	
3	卫 3	（1.96+0.6×2）×2.9−0.56×1.36（LC0614）+（0.56+1.36）×2×0.1（窗侧）	m²	8.79	
4	次卧室 1	（0.6+2.46+3.26+0.98+0.6）×2.9（3m 层高 −0.1 板厚）−1.46×1.76（LC1518）+（1.76×2）×0.7（窗侧）	m²	22.80	
5	卫 4	（0.6+1.48+0.6）×2.9−0.56×1.36（LC0614）+（0.56+1.36）×2×0.1（窗侧）	m²	7.39	
6	厨房	（0.6+2.16+0.6）×2.9−2.28×0.78（LMC1423M）−0.58×1.31（LCM1423C）+（2.28×2+1.36+0.58）×0.1（门窗侧）	m²	7.86	
7	客厅	（3.66+0.6×2）×2.9−2.36×2.28（LM2423）+（2.36+2.28×2）×0.1（门侧）	m²	9.41	
8	次卧室 2	（2.36+0.6×2）×2.9−1.26×1.36（LC1314）+（1.26+1.36）×2×0.1（窗侧）	m²	9.13	
	单户小计		m²	94.38	

10 号栋 10–A1′ 户型外墙内保温工程结算工程量报审表　　表 7–1–2

序号	房间号（位置）	计算式	单位	数量	备注
	10–A1′				
1	飘窗板	（2.06×0.7+1.46×0.7）×2	m²	4.93	
2	主卧室	（1.58+3.26+3.26+0.6）×2.9−2.06×1.76（LC2118a）+（1.76×2）×0.7（窗侧）	m²	24.07	
3	卫 3′	（1.96+0.6×2）×2.9−0.56×1.36（LC0614）+（0.56+1.36）×2×0.1（窗侧）	m²	8.79	
4	次卧室 1	（0.6+2.46+3.26+0.98+0.6）×2.9−1.46×1.76（LC1518）+（1.76×2）×0.7（窗侧）	m²	22.80	
5	卫 4′	（0.6+1.48+0.6）×2.9−0.56×1.36（LC0614）+（0.56+1.36）×2×0.1（窗侧）	m²	7.39	
6	厨房	（0.6+2.16+1.48+0.6）×2.9−2.28×0.78（LMC1423M）−0.58×1.31（LCM1423C）+（2.28×2+1.36+0.58）×0.1（门窗侧）	m²	12.15	
7	客厅	（3.66+0.6×2）×2.9−2.36×2.28（LM2423）+（2.36+2.28×2）×0.1（门侧）	m²	9.41	
8	次卧室 2	（2.36+0.6×2）×2.9−1.26×1.36（LC1314）+（1.26+1.36）×2×0.1（窗侧）	m²	9.13	
		单户小计	m²	98.67	

10 号栋 10–B1 户型外墙内保温工程结算工程量报审表　　表 7–1–3

序号	房间号（位置）	计算式	单位	数量	备注
	10–B1				
1	飘窗板	（2.06×0.7+1.76×0.7+1.46×0.7）×2	m²	7.39	
2	主卧室	（0.6+3.56+3.66+0.55）×2.88（3m 层高 −0.12 板厚）−2.06×1.76（扣除 LC2118）+（2.06+1.76）×2×0.1（窗侧）	m²	21.1	
3	衣帽间	（0.5+1.06+0.6）×2.9（3m 层高 −0.1 板厚）	m²	6.26	
4	主卫	（2.76+1.56+0.6×2）×2.60（3m 层高 −0.3 下沉高度 −0.1 板厚）−0.56×1.36（扣除 LC0614）+（0.56+1.36）×2×0.1（窗侧）	m²	13.97	
5	次卧室 1	（0.6+2.96+0.6）×2.9（3m 层高 −0.1 板厚）−1.76×1.76（扣除 LC1818）+1.76×2×0.7（窗侧）	m²	11.43	
6	次卫生间	（0.6+1.46+0.6）×2.45（3m 层高 −0.45 下沉高度 −0.1 板厚）−0.56×1.36（扣除 LC0614）+（0.56+1.36）×2×0.1（窗侧）	m²	6.14	
7	客厅	（3.96+（0.6+0.6）+0.6）×2.88（3m 层高 −0.12 板厚）−2.66×2.28（扣除 LM2 723）+（2.66+2.28×2）×0.1（门的周长）	m²	11.25	
8	次卧室 2	（0.6+2.66+2.96+0.6）×2.9（3m 层高 −0.1 板厚）−1.46×1.76（扣除 LC1518）+（1.46+1.76）×2×0.1（窗侧）	m²	17.85	
9	厨房	（0.6+1.96+0.6）×2.88（3m 层高 −0.12 板厚）−0.86×1.36（扣除 LC0914）+（0.86+1.36）×2×0.1（窗侧）	m²	8.38	
10	餐厅	（3.76+0.5+0.6）×2.88（3m 层高 −0.12 板厚）−1.76×2.28（扣除 LM1823）+（1.76+2.28×2）×0.1（门的周长）	m²	10.62	
11	次卧室 3	（1.56+2.56+0.6）×2.9（3m 层高 −0.1 板厚）−1.26×1.36（扣除 LC1314）+（1.36×2）×0.7（窗侧）	m²	13.88	
		单户小计	m²	128.27	

10 号栋 10-C1 户型外墙内保温工程结算工程量报审表　　　表 7-1-4

序号	房间号（位置）	计算式	单位	数量	备注
	10-C1				
1	飘窗板	（1.76×0.7+2.06×0.7）×2	m²	5.35	
2	主卧室	（0.6+3.36+3.66+0.5+0.5）×2.88（3m 层 高 -0.12 板 厚）-2.06×1.76（扣除 LC2118 窗洞）+（1.76×2）×0.7（窗侧）	m²	23.66	
3	衣帽间	（0.5+1.06+0.6+0.5）×2.9（3m 层高 -0.1 板厚）	m²	7.71	
4	主卫	（0.6×2+2.76+1.56）×2.6（3m 层高 -0.3 下 沉 高度 -0.1 板 厚）-0.56×1.36（ 扣除 LC0614 窗洞）+（0.56+1.36）×2×0.1（窗侧）	m²	13.99	
5	次卧室 1	（2.86+0.6+0.6）×2.9（3m 层高 -0.1 板厚）-1.76×1.76（扣除 LCLC1818 窗洞）+1.76×2×0.7（窗侧）	m²	11.14	
6	次卫生间	（1.46+0.6×2）×2.45（3m 层高 -0.45 下沉高度 -0.1 板厚）-0.56×1.36（扣除 LC0614 窗洞）+（0.56+1.36）×2×0.1（窗侧）	m²	6.04	
7	厨房	（0.6+2.06+0.6）×2.88（3m 层高 -0.12 板厚）-0.96×1.36（扣除 LC1014 窗洞）+（0.96+1.36）×2×0.1（窗侧）	m²	8.55	
8	客厅	（0.6+3.76+2.78+0.6+0.38+1.46+0.4+0.4）×2.88（3m 层高 -0.12 板厚）-2.66×2.28（扣除 LM2 723 门洞）+（2.66+2.28 ×2）×0.1（门的周长）	m²	24.55	
9	餐厅	（0.6+3.36+0.5）×2.88（3m 层高 -0.12 板厚）-1.76×2.28（扣除 LM1823 门洞）+（1.76+2.28×2）×0.1（门的周长）	m²	9.46	
10	次卧室 2	（1.08+0.5+2.66+0.6）×2.9（3m 层高 -0.1 板厚）-1.26×1.36（扣除 LC1314 窗洞）+（1.26+1.36）×2×0.1（窗侧）	m²	12.85	
	单户小计		m²	123.31	

10 号栋外墙内保温工程结算工程量户型汇总报审表　　　表 7-1-5

序号	户型	单位	工程量	备注
1	10-A1 户型	m²	94.38	
2	10-A1' 户型	m²	98.67	
3	10-B1 户型	m²	128.27	
4	10-C1 户型	m²	123.31	
5	一层墙面保温面积	m²	444.62	
6	10 号栋墙面保温总面积	m²	13783.35	共计 31 层

4. 施工单位报送某住宅楼外墙内保温工程结算金额

根据外墙内保温专业分包合同，外墙内保温 25mm 水泥发泡板固定综合单价为 81 元 /m²，固定综合单价包括但不限于人工费、材料费、机具费、现场管理费、安全文明施工费、检测费、备案费、资料费、利润、税金、风险、维修保养费等完成本合同外墙内保温工程所需的全部费用。结算工程量为 13783.35m²，因此，某住宅楼外墙内保温结算金额见表 7-1-6。

10 号栋外墙内保温工程结算金额报审表　　　　　表 7-1-6

序号	项目名称	计量单位	单价（含税）	增值税（9%）	结算数量	金额（元）	工作内容
1	外墙内保温25mm 厚水泥发泡板	m²	81	7.29	13783.35	1116451.35	（1）墙面基层处理； （2）保温板铺贴（包含脚手架搭设）； （3）抗裂砂浆抹面； （4）外墙保温范围内的所有门、窗洞口四周保温收口； （5）节能检测和验收的各项费用； （6）垃圾清理下楼至统一堆放处
合计						1116451.35	

任务 7.2　结算工程量审核

任务描述

通过本任务的学习，学生能够：审核施工单位报送的外墙内保温工程结算工程量。

任务实施

7.2.1　10-A1 户型保温工程量审核

根据《湖南省房屋建筑与装饰工程消耗量标准（2020 版）》的工程量计算规则，室内保温均按设计实铺面积以平方米和实铺厚度以立方米计算；门洞口侧壁周围的部分，按图示层尺寸以平方米计算，并入墙面的保温工程量内。本工程施工流程：先完成墙面所有水泥发泡板保温施工，再抹墙面抗裂砂浆。其中，飘窗四周保温，完成飘窗左右立面板保温施工，再完成飘窗上、下板保温施工。

结算工程量审核说明

本工程所有门窗洞口侧壁保温宽度均为 0.1m，飘窗四周保温宽度为 0.7m，不再考虑因门、窗框厚度和墙面抹灰厚度对门窗洞口保温宽度的影响。

（1）飘窗板

飘窗板上、下面保温长度应扣减墙面保温层厚度，即主卧室飘窗保温实际铺设长度为 2.1-0.045（水泥砂浆抹灰 20mm，水泥发泡板 25mm）×2=2.01m，次卧室飘窗保温实际铺设长度为 1.5-0.045×2=1.41m。

飘窗板结算工程量审核

所以，飘窗板上、下面保温面积为（2.01×0.7+1.41×0.7）×2=4.79m²。

施工单位报送工程量为 4.93m²，审核工程量为 4.79m²，飘窗板上、下面墙面保温工程量核减 0.14m²。

（2）主卧室

按保温层实际铺设的中心线长度乘以实际铺设的高度计算实铺面积，主卧室墙面铺设的 25mm 水泥发泡板的中心线长度为 1+3.3×2+0.6×2-（0.02+0.025/2）×4-0.02=8.65m。本楼栋住宅楼层层高度和主卧室板厚如图 7-2-1 所示，层高为 3m，主卧室板厚为 0.12m，铺设实际高度为 3-0.12=2.88m。

主卧室结算工程量审核

LC2118a：扣减长度为 2.1-0.045×2=2.01m，扣减高度为 1.8-0.045×2=1.71m。并入墙面保温工程量的飘窗侧壁保温铺设长度为 0.7m，高度为 1.8-0.02×2=1.76m。

所以，主卧室保温面积为 8.65×2.88-2.01×1.71+1.76×2×0.7=23.94m²。

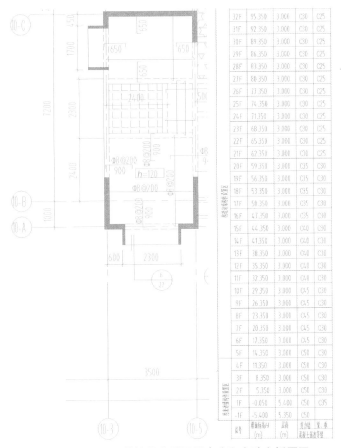

图 7-2-1　10 号栋楼住宅楼层层高度和主卧室板厚图

施工单位报送工程量为 24.07m²，审核工程量为 23.94m²，主卧室墙面保温工程量核减 0.13m²。

（3）卫 3

按保温层实际铺设的中心线长度乘以实际铺设的高度计算实铺面积，卫 3 墙面铺设的 25mm 水泥发泡板的中心线长度为 0.6+2+0.6-0.02×2=3.16m。本楼栋卫 3 板厚及板面标高如图 7-2-2 所示，经现场勘查确定，卫 3 降板部分（0.3m）未完成水泥发泡板施工，因此卫 3 实际铺设高度为 3-0.3-0.1=2.6m。

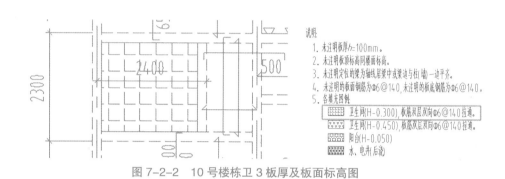

图 7-2-2　10 号楼栋卫 3 板厚及板面标高图

LC0614：结合建筑立面图可知，LC0614 的洞口尺寸为 600mm×1350mm，扣减长度为 0.6-0.045×2=0.51m，扣减高度为 1.35-0.045×2=1.26m。并入墙面保温工程量的窗侧壁保温铺设长度为（0.6-0.045×2+1.35-0.02×2）×2=3.64m，铺设宽度为 0.1m。

所以，卫 3 保温面积为 3.16×2.6-0.51×1.26+3.64×0.1=7.94m²。

卫 3 结算工程量
审核

施工单位报送工程量为 8.79m²，审核工程量为 7.94m²，卫 3 墙面保温工程量核减 0.85m²。

（4）次卧室 1

按保温层实际铺设的中心线长度乘以实际铺设的高度计算实铺面积，次卧室 1 墙面铺设的 25mm 水泥发泡板的中心线长度为 0.6+2.5+3.3+1+0.6-（0.02+0.025/2）×4-0.02=7.85m。本楼栋次卧室 1 板厚如图 7-2-3 所示，层高为 3m，次卧室 1 板厚为 0.1m，铺设实际高度为 3-0.1=2.9m。

次卧室 1 结算工
程量审核

LC1518：扣减长度为 1.5-0.045×2=1.41m，扣减高度为 1.8-0.045×2=1.71m。并入墙面保温工程量的飘窗侧壁保温铺设长度为 0.7m，高度为 1.8-0.02×2=1.76m。

所以，次卧室 1 保温面积为 7.85×2.9-1.41×1.71+1.76×2×0.7=22.82m²。

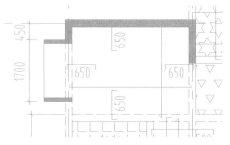

图 7-2-3　10 号楼栋次卧室 1 板厚图

说明:
1. 未注明板厚 h = 100mm。
2. 未注明板顶标高同同楼面标高。
3. 未注明定位的梁为轴线居梁中或梁边与柱(墙)一边平齐。
4. 未注明的板面钢筋为Φ6@140,未注明的板底钢筋为Φ6@140。

施工单位报送工程量为 22.80m², 审核工程量为 22.82m², 次卧室 1 墙面保温工程量核增 0.02m²。

(5)卫 4

按保温层实际铺设的中心线长度乘以实际铺设的高度计算实铺面积, 卫 4 墙面铺设的 25mm 水泥发泡板的中心线长度为 0.6+1.5+0.6-0.2=2.68m。本楼栋卫 4 板厚及板面标高如图 7-2-4 所示, 经现场勘查确定, 卫 4 降板部分(0.45m)未完成水泥发泡板施工, 因此卫 4 实际铺设高度为 3-0.45-0.1=2.45m。

卫 4 结算工程量审核

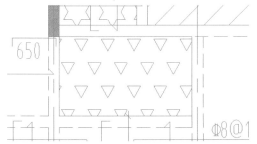

说明:
1. 未注明板厚 h = 100mm。
2. 未注明板顶标高同同楼面标高。
3. 未注明定位的梁为轴线居梁中或梁边与柱(墙)一边平齐。
4. 未注明的板面钢筋为Φ6@140,未注明的板底钢筋为Φ6@140。
5. 各填充图例
卫生间(H-0.300),板筋双层双向Φ6@140拉通。
卫生间(H-0.450),板筋双层双向Φ6@140拉通。

图 7-2-4　10 号栋楼卫生间 4 板厚及板面标高图

LC0614:结合建筑立面图可知, LC0614 的洞口尺寸为 600mm × 1350mm, 扣减长度为 0.6-0.045 × 2=0.51m, 扣减高度为 1.35-0.045 × 2=1.26m。并入墙面保温工程量的窗侧壁保温铺设长度为(0.6-0.045 × 2+1.35-0.02 × 2) × 2=3.64m, 铺设宽度为 0.1m。

所以, 卫 4 保温面积为 2.68 × 2.45-0.51 × 1.26+3.64 × 0.1=6.29m²。

施工单位报送工程量为 7.39m², 审核工程量为 6.29m², 卫 4 墙面保温工程量核减 1.1m²。

(6)厨房

按保温层实际铺设的中心线长度乘以实际铺设的高度计算实铺面积, 厨房墙面铺设的 25mm 水泥发泡板的中心线长度为 0.6+2.2+0.6-0.02 × 2=3.36m。本楼栋厨房板厚及板面标高如图 7-2-5 所示, 层高 3m, 板厚 0.12m, 因此厨房实际铺设高度为 3-0.12=2.88m。

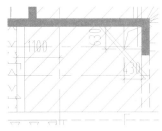

10. 楼板阳角布置7Φ10放射筋。
11. 卫生间降板处填充材料容重不超过12kN/m³。
12. ▨填充位置板厚为120mm，板配筋Φ8@200双层双向设置。
13. ▩填充位置板厚为120mm，板顶标高为3.400，板配筋Φ8@150双层双向设置。

图 7-2-5　10号栋楼厨房板厚及板面标高图

LMC1423（门窗洞口尺寸为800mm×2300mm，窗洞口尺寸为600mm×1400mm）：扣减门的长度为0.8-0.045=0.755m，扣减门高度为2.3-0.045=2.255m；扣减窗的长度为0.6-0.045=0.555m，扣减窗的高度为1.4-0.045×2=1.31m。并入墙面保温工程量的门窗侧壁保温铺设长度为（2.3-0.02）×2+1.4-0.045×2+0.6=6.47m，铺设宽度为0.1m。

厨房结算工程量审核

综上，厨房保温面积为3.36×2.88-0.755×2.255-0.555×1.31+6.47×0.1=7.89m²。

施工单位报送工程量为7.86m²，审核工程量为7.89m²，厨房墙面保温工程量核增0.03m²。

（7）客厅

按保温层实际铺设的中心线长度乘以实际铺设的高度计算实铺面积，客厅墙面铺设的25mm水泥发泡板的中心线长度为0.6+3.7+0.6-0.02×2=4.86m。本楼栋客厅板厚如图7-2-6所示，层高3m，板厚0.12m，因此客厅实际铺设高度为3-0.12=2.88m。

客厅结算工程量审核

LM2423：扣减门的长度为2.4-0.045×2=2.31m，扣减门高度为2.3-0.045=2.255m。并入墙面保温工程量的门侧壁保温铺设长度为（2.3-0.02）×2+2.4-0.045×2=6.87m，铺设宽度为0.1m。

所以，客厅保温面积为4.86×2.88-2.31×2.255+6.87×0.1=9.47m²。

施工单位报送工程量为9.41m²，审核工程量为9.47m²，客厅墙面保温工程量核增0.06m²。

（8）次卧室2

按保温层实际铺设的中心线长度乘以实际铺设的高度计算实铺面积，次卧室2墙面铺设的25mm水泥发泡板的中心线长度为0.6+2.4+0.6-0.02×2=3.56m。

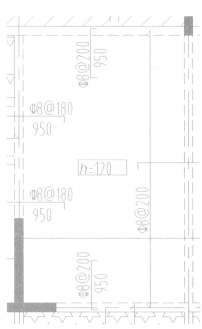

图 7-2-6　10号栋楼客厅板厚图

本楼栋次卧室 2 板厚如图 7-2-7 所示，层高 3m，板厚 0.1m，因此次卧室 2 实际铺设高度为 3-0.1=2.9m。

次卧室 2 结算工程量审核

LC1314：结合建筑立面图可知，LC1314 的洞口尺寸为 1300mm×1350mm，扣减窗的长度为 1.3-0.045×2=1.21m，扣减窗高度为 1.35-0.045×2=1.26m。并入墙面保温工程量的窗侧壁保温铺设长度为（1.35-0.02×2）×2+（1.3-0.045×2）×2=5.04m，铺设宽度为 0.1m。

所以，次卧室 2 保温面积为 3.56×2.9-1.21×1.26+5.04×0.1=9.30m²。

施工单位报送工程量为 9.13m²，审核工程量为 9.30m²，次卧室 2 墙面保温工程量核增 0.17m²。

综上所述，10-A1 户型的外墙内保温工程结算审核工程量见表 7-2-1。

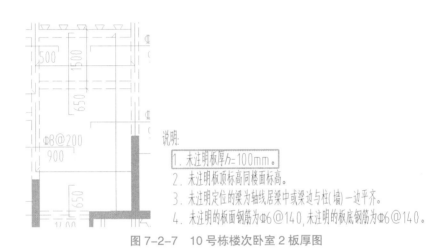

说明：
1. 未注明板厚 h=100mm。
2. 未注明板顶标高同楼面标高。
3. 未注明定位的梁为轴线居梁中或梁边与柱(墙)一边平齐。
4. 未注明的板面钢筋为Φ6@140，未注明的板底钢筋为Φ6@140。

图 7-2-7　10 号栋楼次卧室 2 板厚图

10 栋 10-A1 户型的外墙内保温工程结算工程量审核表　　表 7-2-1

序号	房间号（位置）	计算式	单位	审核数量	审核备注
	10-A1				热桥向室内墙体延伸长度为 0.6m
1	飘窗板	[（2.1-0.045×2）×0.7+（1.5-0.045×2）×0.7]×2	m²	4.79	保温实际铺设长度扣减了水泥砂浆抹灰 20mm，水泥发泡板 25mm
2	主卧室	[0.6+1+3.3×2+0.6-（0.02+0.025/2）×4-0.02]×2.88（3m 层高 -0.12 板厚）-（2.1-0.045×2）×（1.8-0.045×2）（LC2118a）+（1.76×2）×0.7（窗侧）	m²	23.94	修改了墙面实际铺设高度和 LC2118a 扣减尺寸
3	卫 3	（0.6+2+0.6-0.02×2）×2.60（3m 层高 -0.3 下沉高度 -0.1 板厚）-（0.6-0.045×2）×（1.35-0.045×2）（LC0614）+（0.6-0.045×2+1.35-0.02×2）×2×0.1（窗侧）	m²	7.94	现场降板处未粘贴水泥发泡板，修改了 LC0614 扣减尺寸和窗侧长度

序号	房间号（位置）	计算式	单位	审核数量	审核备注
4	次卧室 1	[0.6+2.5+3.3+1+0.6-（0.02+0.025/2）×4-0.02]×2.9（3m层高 -0.1 板厚）-（1.5-0.045×2）×（1.8-0.045×2）（LC1518）+（1.76×2）×0.7（窗侧）	m²	22.82	修改了墙面实际铺设长度和 LC1518 扣减尺寸
5	卫 4	（0.6+1.5+0.6-0.02）×2.45（3m层高 -0.45 下沉高度 -0.1板厚）-（0.6-0.045×2）×（1.35-0.045×2）（LC0614）+（0.6-0.045×2+1.35-0.02×2）×2×0.1（窗侧）	m²	6.29	现场降板处未粘贴水泥发泡板，修改了 LC0614 扣减尺寸和窗侧长度
6	厨房	（0.6+2.16+0.6）×2.88（3m层高 -0.12 板厚）-（2.3-0.045）×（0.8-0.045）（LMC1423 的门）-（0.6-0.045）×（1.4-0.045×2）（LCM1423 的窗）+[（2.3-0.02）×2+1.4-0.045×2+0.6]×0.1（门窗侧）	m²	7.89	修改了墙面实际铺设高度和 LMC1423 扣减尺寸和门窗侧长度
7	客厅	（0.6+3.7+0.6-0.02×2）×2.88（3m层高 -0.12 板厚）-（2.4-0.045×2）×（2.3-0.045）（LM2 423）+[（2.3-0.02）×2+2.4-0.045×2]×0.1（门侧）	m²	9.47	修改了墙面实际铺设高度和 LM2 423 扣减尺寸
8	次卧室 2	（0.6+2.4+0.6-0.02×2）×2.9（3m层高 -0.1 板厚）-（1.3-0.045×2）×（1.35-0.045×2）（LC1314）+（1.35+1.3-0.02×2-0.045×2）×2×0.1（窗侧）	m²	9.30	修改了 LC1314 扣减尺寸和窗侧长度
	10-A1 单户小计		m²	92.44	

7.2.2 10-A1′、10-B1、10-C1 户型保温工程量审核

10-A1′、10-B1、10-C1 户型各区域外墙内保温工程结算审核方法同 10-A 户型，不再详细阐述。各户型外墙内保温工程结算工程量审核见表 7-2-2~ 表 7-2-5。

10 栋 10-A1′ 户型的外墙内保温工程结算工程量审核表　　表 7-2-2

序号	房间号（位置）	计算式	单位	审核数量	审核备注
	10-A1′				热桥向室内墙体延伸长度为 0.6m
1	飘窗板	[（2.1-0.045×2）×0.7+（1.5-0.045×2）×0.7]×2	m²	4.79	保温实际铺设长度扣减了水泥砂浆抹灰 20mm，水泥发泡板 25mm
2	主卧室	[0.6+1+3.3×2+0.6-（0.02+0.025/2）×4-0.02]×2.88（3m层高 -0.12 板厚）-（2.1-0.045×2）×（1.8-0.045×2）（LC2118a）+（1.76×2）×0.7（窗侧）	m²	23.94	修改了墙面实际铺设高度和 LC2118a 扣减尺寸
3	卫 3′	（0.6+2+0.6-0.02×2）×2.60（3m层高 -0.3 下沉高度 -0.1 板厚）-（0.6-0.045×2）×（1.35-0.045×2）（LC0614）+（0.6-0.045×2+1.35-0.02×2）×2×0.1（窗侧）	m²	7.94	现场降板处未粘贴水泥发泡板，修改了 LC0614 扣减尺寸和窗侧长度
4	次卧室 1	[0.6+2.5+3.3+1+0.6-（0.02+0.025/2）×4-0.02]×2.9（3m层高 -0.1 板厚）-（1.5-0.045×2）×（1.8-0.045×2）（LC1518）+（1.76×2）×0.7（窗侧）	m²	22.82	修改了墙面实际铺设长度和 LC1518 扣减尺寸

续表

序号	房间号（位置）	计算式	单位	审核数量	审核备注
5	卫 4′	（0.6+1.5+0.6-0.02）×2.45（3m 层高 -0.45 下沉高度 -0.1 板厚）-（0.6-0.045×2）×（1.35-0.045×2）（LC0614）+（0.6-0.045×2+1.35-0.02×2）×2×0.1（窗侧）	m²	6.29	现场降板处未粘贴水泥发泡板，修改了 LC0614 扣减尺寸和窗侧长度
6	厨房	（0.6+2.2+1.5+0.6-0.02×2-0.045）×2.88（3m 层高 -0.12 板厚 ）-（2.3-0.045）×（0.8-0.045）（LMC1423 的门）-（0.6-0.045）×（1.4-0.045×2）（LCM1423 的窗）+[（2.3-0.02）×2+1.4-0.045×2+0.6]×0.1（门窗侧）	m²	12.08	修改了墙面实际铺设高度和 LMC1423 扣减尺寸和门窗侧长度
7	客厅	（0.6+3.7+0.6-0.02×2）×2.88（3m 层高 -0.12 板厚）-（2.4-0.045×2）×（2.3-0.045）（LM2 423）+[（2.3-0.02）×2+2.4-0.045×2]×0.1（门侧）	m²	9.47	修改了墙面实际铺设高度和 LM2 423 扣减尺寸
8	次卧室 2	（0.6+2.4+0.6-0.02×2）×2.9（3m 层高 -0.1 板厚）-（1.3-0.045×2）×（1.35-0.045×2）（LC1314）+（1.35+1.3-0.02×2-0.045×2）×2×0.1（窗侧）	m²	9.30	修改了 LC1314 扣减尺寸和窗侧长度
单户小计			m²	96.63	

10 栋 10-B1 户型的外墙内保温工程结算工程量审核表　　　　表 7-2-3

序号	房间号（位置）	计算式	单位	审核数量	备注
	10-B1				热桥向室内墙体延伸长度为 0.6m
1	飘窗板	[（2.1-0.045×2）×0.7+（1.8-0.045×2）×0.7+（1.5-0.045×2）×0.7]×2	m²	7.18	保温实际铺设长度扣减了水泥砂浆抹灰 20mm，水泥发泡板 25mm
2	主卧室	（0.6+3.6+3.7-0.02×3-0.045）×2.88（3m 层高 -0.12 板厚）-（2.1-0.045×2）×（1.8-0.045×2）（扣除 LC2118）+（2.1-0.02）×2×0.7（窗侧）	m²	21.90	与衣帽间相连处 500mm 内墙未做保温，修改了 LC2118 的扣减尺寸和窗侧长度和宽度尺寸，报送窗侧宽度错误
3	衣帽间	（1.1+0.6-0.02×2）×2.9（3m 层高 -0.1 板厚）	m²	4.81	与主卧室相连处 500mm 内墙未做保温
4	主卫	（0.6+2.8+1.6+0.6-0.02×3-0.045）×2.60（3m 层高 -0.3 下沉高度 -0.1 板厚 ）-（0.6-0.045×2）×（1.35-0.045×2）（扣除 LC0614）+（0.6-1.35-0.02×2-0.045×2）×2×0.1（窗侧）	m²	14.01	降板处未做保温，修改了 LC0614 的扣减尺寸
5	次卧室 1	（0.6+3+0.6-0.02×2）×2.9（3m 层高 -0.1 板厚 ）-（1.8-0.045×2）×（1.8-0.045×2）（扣除 LC1818）+（1.8-0.02×2）×2×0.7（窗侧）	m²	11.60	修改了 LC1818 的扣减尺寸
6	次卫生间	（0.6+1.5+0.6-0.02×2）×2.45（3m 层高 -0.45 下沉高度 -0.1 板厚）-（0.6-0.045×2）×（1.35-0.045×2）（扣除 LC0614）+（0.6+1.35-0.02×2-0.045×2）×2×0.1（窗侧）	m²	6.24	降板处未做保温，修改了 LC0614 的扣减尺寸

续表

序号	房间号（位置）	计算式	单位	审核数量	备注
7	客厅	（0.6+0.6+4+0.6-0.02×2）×2.88（3m 层 高 -0.12 板厚 ）-（2.7-0.045×2）×（2.3-0.045）(扣 除 LM2 723)+[（2.3-0.02）×2+2.7-0.045×2]×0.1（门侧）	m²	11.42	修改了扣减的 LM2 723 的尺寸
8	次卧室 2	（0.6+2.7+3+0.6-0.02×3-0.045）×2.9（3m 层 高 -0.1 板厚 ）-（1.5-0.045×2）×（1.8-0.045×2）(扣 除 LC1518)+（1.5+1.8-0.02×2-0.045×2）×2×0.1（窗侧）	m²	17.93	修改了扣减的 LC1518 的尺寸
9	厨房	（0.6+2+0.6-0.02×2）×2.88（3m 层高 -0.12 板厚 ）-（0.9-0.045×2）×（1.35-0.045×2）(扣除 LC0914)+（0.9+1.35-0.02×2-0.045×2）×2×0.1（窗侧）	m²	8.50	修改了 LC0914 的扣减尺寸，建筑立面图中 LC0914 的洞口尺寸为 900mm×1350mm
10	餐厅	（3.8+0.5+0.6-0.02×2）×2.88（3m 层高 -0.12 板厚 ）-（1.8-0.45）×（2.3-0.045×2）(扣除 LM1823)+[1.8-0.045×2+（2.3-0.02）×2]×0.1（门侧）	m²	11.64	修改了扣减的 LM1823 的尺寸
11	次卧室 3	（1.6+2.6+0.6-0.02×2-0.045）×2.9（3m 层高 -0.1 板厚 ）-（1.3-0.045×2）×（1.35-0.045×2）(扣 除 LC1314)+（1.3+1.35-0.02×2-0.045×2）×2×0.1（窗侧）	m²	12.65	修改了 LC1314 的扣减尺寸和窗侧尺寸，建筑立面图中 LC0914 的洞口尺寸为 900mm×1350mm
	单户小计		m²	127.88	

10 号栋 10-C1 户型的外墙内保温工程结算工程量审核表　　表 7-2-4

序号	房间号（位置）	计算式	单位	审核数量	备注
	10-C1				热桥向室内墙体延伸长度为 0.6m
1	飘窗板	[（2.1-0.045×2）+（1.8-0.045×2）]×0.7×2	m²	5.21	保温实际铺设长度扣减了水泥砂浆抹灰 20mm，水泥发泡板 25mm
2	主卧室	（0.6+3.4+3.7-0.02×3-0.045）×2.88（3.0-0.12 板厚）-（2.1-0.045×2）×（1.8-0.045×2）(LC2118)+（1.8-0.02×2）×2×0.7（窗侧）	m²	20.90	与衣帽间相连处 500mm 内墙未做保温，修改了 LC2118 扣减尺寸
3	衣帽间	（1.1+0.6-0.02×2）×2.9（3m 层高 -0.1 板厚）	m²	4.81	与主卧室相连处 500mm 内墙未做保温
4	主卫	（0.6×2+2.8+1.6-0.02×4-0.045）×2.6（3.0-0.3 下沉高度 -0.1 板厚）-（0.6-0.045×2）×（1.35-0.045×2）(LC0614)+（0.6+1.35-0.02×2-0.045×2）×2×0.1（窗侧）	m²	13.96	降板处未做保温，修改了 LC0614 的扣减尺寸
5	次卧室 1	（2.9+0.6+0.6-0.02×2）×2.9（3.0-0.1 板厚 ）-（1.8-0.045×2）×（1.8-0.045×2）(LC1818)+（1.8-0.02×2）×2×0.7（窗侧）	m²	11.31	修改了扣减 LC1818 的尺寸
6	次卫生间	（1.5+0.6×2-0.02×2）×2.45（3.0-0.45 下沉高度 -0.1 板厚）-（0.6-0.045×2）×（1.35-0.045×2）(LC0614)+（0.6+1.35-0.02×2-0.045×2）×2×0.1（窗侧）	m²	6.24	降板处未做保温，修改了 LC0614 的扣减尺寸

序号	房间号（位置）	计算式	单位	审核数量	备注
7	厨房	（0.6+2.1+0.6-0.02×2）×2.88（3.0-0.12 板厚）-（1-0.045×2）×（1.35-0.045×2）(LC1014)+（1+1.35-0.02×2-0.045×2）×2×0.1（窗侧）	m²	8.69	修改了 LC1014 的扣减尺寸，建筑立面图中 LC1014 的洞口尺寸为 1000mm×1350mm
8	客厅	（0.6+0.4+3.8+3.4+0.4+1.5+0.4-0.02×4-0.045×4）×2.88（3.0-0.12 板厚）-（2.7-0.045×2）×（2.3-0.045）(LM2 723)+[2.7-0.045×2+（2.3-0.02）×2]×0.1（门侧）	m²	24.32	修改了 LM2723 的扣减尺寸
9	餐厅	（0.6+3.4+0.5-0.02×2-0.045）×2.88（3.0-0.12 板厚）-（1.8-0.045×2）×（2.3-0.045）(LM1823)+[1.8-0.045×2+（2.3-0.02）×2]×0.1（门侧）	m²	9.62	修改了 LM1823 的扣减尺寸
10	次卧室 2	（1.1+0.5+2.7+0.6-0.02×2-0.045）×2.9（3.0-0.1 板厚）-（1.3-0.045×2）×（1.35-0.045×2）(LC1314)+（1.3+1.35-0.02×2-0.045×2）×2×0.1（窗侧）	m²	12.94	修改了 LC1314 的扣减尺寸，建筑立面图中 LC1314 的洞口尺寸为 1300mm×1350mm
	10-C1 单户小计		m²	118.00	

10 号栋外墙内保温工程结算报送工程量与结算审核工程量对比表 表 7-2-5

序号	房间号（位置）	单位	报送工程量	审核工程量	核减（增）工程量 报送工程量 – 审核工程量
10-A1 户型					
1	飘窗板	m²	4.93	4.79	0.14
2	主卧室	m²	24.07	23.94	0.13
3	卫 3	m²	8.79	7.94	0.085
4	次卧室 1	m²	22.80	22.82	-0.02
5	卫 4	m²	7.39	6.29	1.1
6	厨房	m²	7.86	7.89	-0.03
7	客厅	m²	9.41	9.47	-0.06
8	次卧室 2	m²	9.13	9.30	-0.17
9	单户小计	m²	94.38	92.44	1.94
10-A1′ 户型					
1	飘窗板	m²	4.93	4.79	0.14
2	主卧室	m²	24.07	23.94	0.13
3	卫 3′	m²	8.79	7.94	0.85
4	次卧室 1	m²	22.80	22.82	-0.02
5	卫 4′	m²	7.39	6.29	1.1

续表

序号	房间号 （位置）	单位	报送工程量	审核工程量	核减（增）工程量 报送工程量 – 审核工程量
6	厨房	m²	12.15	12.08	0.07
7	客厅	m²	9.41	9.47	−0.06
8	次卧室 2	m²	9.13	9.30	−0.17
	单户小计	m²	98.67	96.63	2.04
10–B1 户型					
1	飘窗板	m²	7.39	7.18	0.21
2	主卧室	m²	21.1	21.90	−0.8
3	衣帽间	m²	6.26	4.81	1.45
4	主卫	m²	13.97	14.01	−0.04
5	次卧室 1	m²	11.43	11.60	−0.17
6	次卫生间	m²	6.14	6.24	−0.1
7	客厅	m²	11.25	11.42	−0.17
8	次卧室 2	m²	17.85	17.93	−0.08
9	厨房	m²	8.38	8.50	−0.12
10	餐厅	m²	10.62	11.64	−1.02
11	次卧室 3	m²	13.88	12.65	1.23
	单户小计	m²	128.27	127.88	0.39
10–C1 户型					
1	飘窗板	m²	5.35	5.21	0.14
2	主卧室	m²	23.66	20.90	2.76
3	衣帽间	m²	7.71	4.81	2.9
4	主卫	m²	13.99	14.01	−0.02
5	次卧室 1	m²	11.14	11.31	−0.17
6	次卫生间	m²	6.04	6.24	−0.2
7	厨房	m²	8.55	8.69	−0.14
8	客厅	m²	24.55	24.32	0.23
9	餐厅	m²	9.46	9.62	−0.16
10	次卧室 2	m²	12.85	12.94	−0.09
	单户小计	m²	123.31	118.00	5.31
	一层墙面内保温面积	m²	444.62	434.95	9.67
	10 号栋墙面保温总面积	m²	13783.35	13483.45	299.90

通过表 7-2-5 可知，10 号栋每层外墙内保温结算工程量核减 9.67m²，10 号栋 31 层外墙内保温结算工程量共计核减 299.90m²，最终核定工程量为 13483.45m²。

任务 7.3　结算金额审核

 任务描述

通过本任务学习，学生能够依据外墙内保温工程施工合同及结算审核工程量完成结算金额审核。

 任务实施

根据外墙内保温专业分包合同，外墙内保温 25mm 厚水泥发泡板固定综合单价为 81 元 /m²，固定综合单价包括但不限于人工费、材料费、机具费、现场管理费、安全文明施工费、检测费、备案费、资料费、利润、税金、风险、维修保养费等完成本合同外墙内保温工程所需的全部费用。结算审核工程量为 13483.45m²，因此，某住宅楼外墙内保温工程结算金额核定见表 7-3-1。

10 号栋结算工程量审核综述

10 栋外墙内保温工程结算金额核定表　　　　表 7-3-1

序号	项目名称	计量单位	单价（含税）	增值税（9%）	结算审核数量	金额（元）	工作内容
1	外墙内保温 25mm 厚水泥发泡板	m²	81	7.29	13483.45	1092159.45	（1）墙面基层处理； （2）保温板铺贴（包含脚手架搭设）； （3）抗裂砂浆抹面； （4）外墙保温范围内的所有门、窗洞口四周保温收口； （5）节能检测和验收的各项费用； （6）垃圾清理下楼至统一堆放处
合计						1092159.45	

10 号栋外墙内保温结算报送金额为 1116451.35 元，结算核定金额为 1092159.45 元，核减金额 24291.90 元。

项目 8

装饰装修工程结算审核

 思维导图

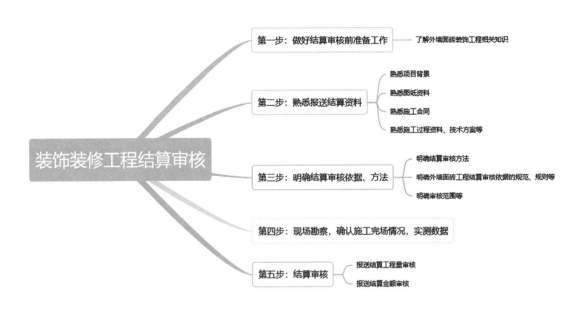

 项目描述

　　某学校实训综合楼外墙采用外墙面砖进行装饰，招标文件外墙瓷砖为暂估价。施工单位报审外墙装饰工程量和结算金额，要求对结算工程量和结算金额进行审定。

任务 8.1　项目背景及外墙面砖结算审核相关资料整理

任务描述

通过本任务的学习，学生能够：

1. 了解本工程项目背景；
2. 熟悉本项目施工合同、图纸、工程联系单等相关资料。

任务实施

1. 施工合同

施工合同见本教材 2.2.3 部分工程施工合同。

2. 图纸资料

项目相关图纸见图 8-1-1~ 图 8-1-13。

图 8-1-1　东立面图（Ⓐ~Ⓙ轴立面图）

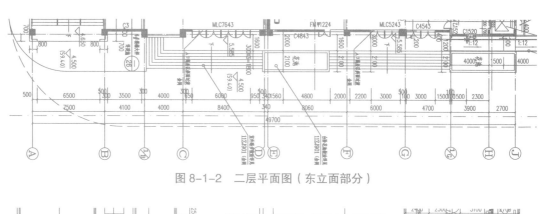

图 8-1-2 二层平面图（东立面部分）

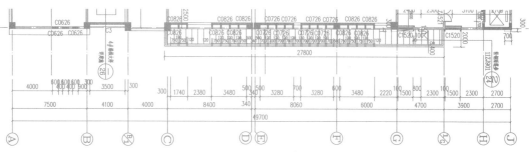

图 8-1-3 三层平面图（东立面部分）

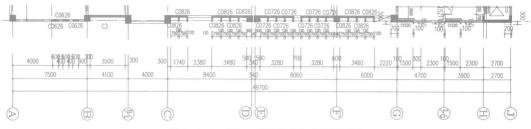

图 8-1-4 四层平面图（东立面部分）

图 8-1-5 五层平面图（④轴位置）

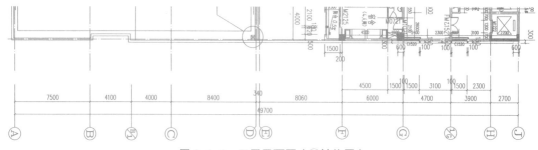

图 8-1-6 五层平面图（⑨轴位置）

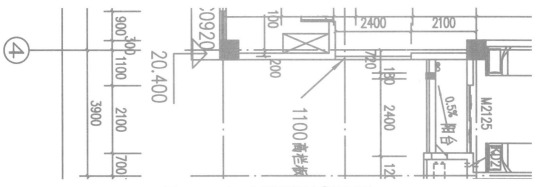

图 8-1-7　六～七层平面图（④轴位置）

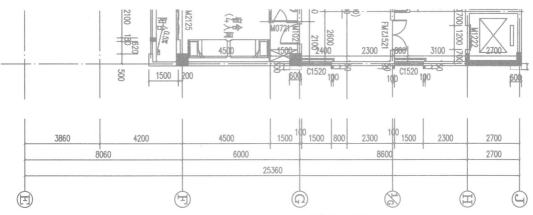

图 8-1-8　六～七层平面图（⑨轴位置）

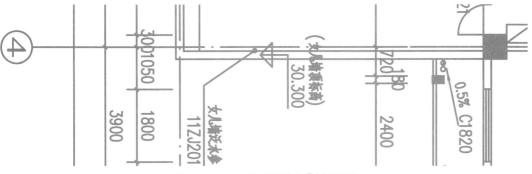

图 8-1-9　八层平面图（④轴位置）

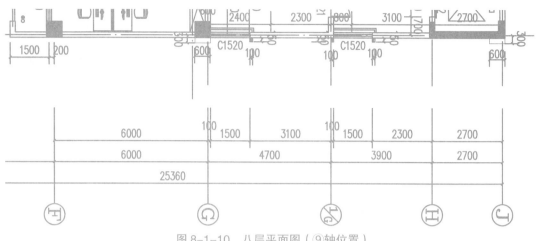

图 8-1-10　八层平面图（⑨轴位置）

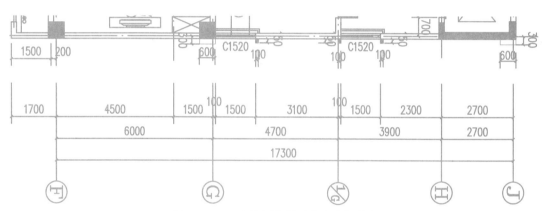

图 8-1-11　九层平面图（东立面部分）

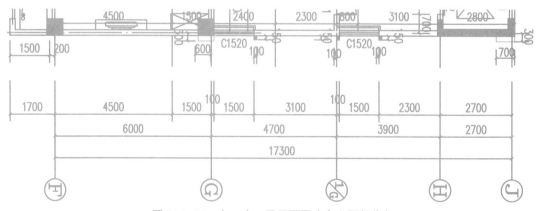

图 8-1-12　十～十一层平面图（东立面部分）

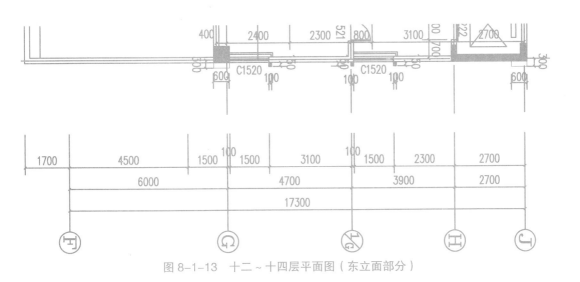

图 8-1-13 十二~十四层平面图（东立面部分）

3.材料暂估价相关文件

（1）原清单暂估价（表 8-1-1）

材料（工程设备）暂估单价及调整表（一般计税法）　　　　　表 8-1-1

工程名称：湖南 ×× 学校综合楼地上部分装饰装修

材料（工程设备）名称、规格、型号	计量单位	数量		暂估（除税价）（元）		暂估（含税价）（元）	
		暂估	确认	单价	合价	单价	合价
墙面砖（高档）240mm×60mm	m²	1881.22		45.28	85181.64	51.14	96205.59
墙面砖240mm×60mm	m²	5301.802		33.96	180049.20	38.36	203377.12

（2）暂估价瓷砖品牌及单价确定工作联系函（图 8-1-14、图 8-1-15）

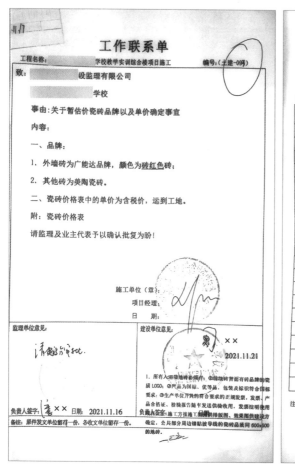

图 8-1-14 暂估价瓷砖品牌及单价确定工作联系函　　　　图 8-1-15 瓷砖价格表实图

任务 8.2　施工单位报送外墙面结算文件

8.2.1　施工单位报送某学校教学实训综合楼外墙面结算工程量计算文件

施工单位报送某学校教学实训综合楼外墙面结算工程量计算文件见表 8-2-1，表中分区号见图 8-2-1。

某学校教学实训综合楼外墙面砖工程量（东立面）报审表　　　　表 8-2-1

区号	位置	标高	计算式	面砖
（1）	Ⓐ~①/B轴	4.5~19.5	（0.3+7.5+4.1-0.3）×（19.5-4.5）	174.00
		洞口扣减	6.5×（9.9-4.5）	-35.10
		C0626	0.6×2.6×6	-9.36

区号	位置	标高	计算式	面砖
		C3	$3.5 \times （17-5.9）$	-38.85
		窗侧窗台	$（2.6 \times 0.1 \times 2+0.6 \times 0.1）\times 6$	3.48
		⑧轴墙侧	$1 \times （5.9-4.5）+1.1 \times （10.8-5.9）+0.1 \times （17-10.8）+0.4 \times （19.5-17）$	8.41
		⑴/⑧轴墙侧	$0.7 \times （17-5.9）+0.6 \times （19.5-17+5.9-4.5）$	10.11
		小计		112.69
（2）	⑴/⑧~ ⑴轴	$4.5\sim19.5$	$（4.0+27.8+6.6+0.1）\times （19.5-5.585）$	535.73
	二层	扣门窗＋墙侧窗侧		-63.71
		MLC7643	$7.6 \times 4.3-0.8 \times 0.3 \times 2$	-32.20
		C4843	$4.8 \times 4.3-3.6 \times 0.3$	-19.56
		MLC5243	$5.1 \times 4.3-2.1 \times 0.3$	-21.30
		C4543	$4.5 \times 4.3-1.5 \times 0.3$	-18.90
		C1520	$1.5 \times （10-5.9）$	-6.15
		ⓒ、ⓖ轴墙侧	$0.6 \times 2 \times （9.9-5.585）$	5.18
			$（0.5+0.3）\times （10.8-9.9）$	0.72
		ⓓ、ⓔ、ⓕ轴墙侧	$0.4 \times 2 \times 2 \times （9.9-5.585）$	6.90
		MLC7643	$（4.3+0.8）\times 2 \times 0.1$	1.02
		C4843	$（4.3 \times 2+3.6）\times 0.1$	1.22
		MLC5243	$（4.3 \times 2+2.1）\times 0.1$	1.07
		C4543	$（4.3 \times 2+1.5）\times 0.1$	1.01
		C1520	$（4.1 \times 2+1.5）\times 0.1$	0.97
		台阶处	$（2.3+6.8 \times 2）\times （5.585-4.5）$	17.25
		台阶扣减	$0.3 \times （1+2+3+4+5+6）\times 0.15$	0.95
	三四层	扣门窗＋墙侧窗侧		-61.19
		C0826	$0.75 \times 2.6 \times 10 \times 2$	-39.00
		C0726	$0.7 \times 2.6 \times 8 \times 2$	-29.12
		C1520	$1.5 \times （17.0-14.7+13.6-11.1）\times 2$	-14.40
		ⓒ、ⓖ轴墙侧	$0.6 \times 2 \times （17.0-10.8）$	7.44
		窗间墙侧ⓓ、ⓔ、ⓕ轴柱侧	$0.4 \times 2 \times 20 \times （17.0-10.8）$	99.20
		ⓖ（右）轴墙侧	$0.6 \times （9.9-5.585）+0.2 \times （17.0-9.9）$	4.01
		窗边墙侧	$0.15 \times 2 \times （17.0-11.1）+0.15 \times 2 \times （17.0-5.585）$	5.19
		⑴/ⓖ轴墙侧	$0.4 \times （9.9-5.585）$	1.726
		ⓙ轴墙侧	$0.2 \times （17.0-5.585）$	2.28
		C0826	$（0.75+2.6 \times 2）\times 0.1 \times 20$	11.90
		C0726	$（0.7+2.6 \times 2）\times 0.1 \times 16$	9.44
		C1520	$（1.5+2.3+2.5）\times 4 \times 0.1$	2.52
		小计		533.21

续表

区号	位置	标高	计算式	面砖
（3）	Ⓔ~Ⓕ轴	10.5~30.3	（8.06−1.6+0.1+0.08）×（30.3−10.5）	131.47
	④轴	洞口扣减	2.4×1.8×4+2.4×2.1	−22.32
	小计			109.15
（4）	Ⓕ~Ⓖ轴	19.5~44.7	（1.7+6.0−0.5）×（44.7−19.5）	181.44
	⑨轴			
（5）	Ⓖ~Ⓙ轴	19.5~61.5	（0.5+4.7+3.9+2.7+0.1）×（61.5−19.5）	499.80
	⑨轴	洞口扣减	10.7×（60.9−58.5）	−25.68
		门窗扣减	1.5×2.0×21+1.5×1.5+1.5×1.3×2	−69.15
		墙侧1	0.2×（60.9−19.5）×2	16.56
		墙侧2	0.15×（58.5−19.5）×4+0.15×（56.8−19.5）×2	34.59
		窗侧	（2.0×21+1.5+1.3×2）×2×0.1	9.22
		窗台	1.5×24×0.1	3.60
	小计			468.94
	合计			1405.43

其中分区（1）至分区（4）为中档外墙面砖，数量合计 936.49m²；分区（5）为高档面砖，数量合计 468.94m²。

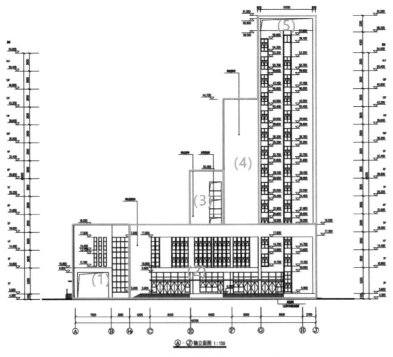

图 8-2-1 东立面模块分区示意图

8.2.2 施工单位报送外墙面砖工程结算文件

施工单位报送外墙面砖工程结算文件见表 8-2-2~ 表 8-2-9。

单位工程竣工结算汇总表 表 8-2-2

工程名称：外墙面装饰工程　　　　　标段：　　　　　第 1 页共 1 页

序号	工程内容	计费基础说明	费率（%）	金额
一	分部分项工程费	分部分项费用合计		193097.03
1	直接费			187838.57
1.1	人工费			114997.91
1.2	材料费			70981.56
1.2.1	其中：工程设备费 / 其他	（详见附录 C 说明第 2 条规定计算）		
1.3	机械费			1859.1
2	管理费		1.8	3381.14
3	其他管理费	（详见附录 C 说明第 2 条规定计算）	2	
4	利润		1	1878.4
二	措施项目费			4929.78
1	单价措施项目费	单价措施项目费合计		
1.1	直接费			
1.1.1	人工费			
1.1.2	材料费			
1.1.3	机械费			
1.2	管理费		1.8	
1.3	利润		1	
2	总价措施项目费	（按 E.20 总价措施项目计价表计算）		308.96
3	绿色施工安全防护措施项目费		2.46	4620.83
3.1	其中安全生产费	（按 E.22 绿色施工安全防护措施费计价表计算）	2.46	4620.83
三	其他项目费	（按 E.23 其他项目计价汇总表计算）		1980.27
四	税前造价	一＋二＋三		200007.09
五	销项税额	四	9	18000.64
六	建安工程造价	四＋五		218007.73
七	价差取费合计			
八	工程造价（调差后）			218007.73
	单位工程建安造价	四＋五		218007.73

工程名称：外墙面装饰工程

分部分项工程项目清单与措施项目清单计价表

标段：

表 8-2-3

第 1 页 共 1 页

序号	项目编码	项目名称	项目特征描述	计量单位	工程量	金额（元）		
						综合单价	合价	
1	011204003001	整个项目					193097.03
		块料墙面	（1）墙体类型：外墙 （2）安装方式：粘贴 （3）面层材料品种、规格、颜色：红色面砖（中档） （4）缝宽、嵌缝材料种类：嵌缝砂浆	m²	936.49	133.79	125293
1.1	A12-101 换	240mm×60mm 面砖 水泥砂浆粘贴 面砖灰缝（mm）5		100m²	9.3649	13379.3	125295.81
2	011204003002	块料墙面	（1）墙体类型：外墙 （2）安装方式：粘贴 （3）面层材料品种、规格、颜色：红色面砖（高档） （4）缝宽、嵌缝材料种类：嵌缝砂浆	m²	468.94	144.59	67804.03
2.1	A12-101 换	240mm×60mm 面砖 水泥砂浆粘贴 面砖灰缝（mm）5		100m²	4.6894	14458.63	67802.3
		本页小计					193097.03
		合　计					193097.03

注：（1）本表工程量清单项目综合的消耗量标准与综合单价分析表综合的内容应相同；
　　（2）此表用于竣工结算时无暂估价栏。

综合单价分析表

工程名称：外墙面装饰工程　　标段：

清单编码	项目名称	计量单位			综合单价			合价（元）
011204003001	外墙面装饰工程	m²		数量 936.49				133.79

消耗量标准编号	项目名称	单位	数量	单价（元）				管理费 1.8%	其他管理费 2%	利润 1%	综合单价	合价（元）
				合计（直接费）	人工费	材料费	机械费					
A12-101换	240mm×60mm面砖 水泥砂浆粘贴面砖灰缝（mm）5	100m²	9.3649	13014.88	8182.4	4700.2	132.28	2193.92		1218.84		125295.81
累计（元）				121883.05	76627.36	44016.9	1238.79	2193.92		1218.84		125295.81

材料费明细表	材料、名称、规格、型号	单位	数量	单价	合价	暂估单价	暂估合价
	石料切割锯片	片	7.024	35.4	248.65		
	水	t	8.569	4.39	37.62		
	其他材料费	元	1116.343	1	1116.34		
	建筑胶	kg	286.566	2.5	716.42		
	预拌干混抹灰砂浆 DP M2 0.0	m³	19.104	605.31	11563.84		
	粗净砂	m³	1.068	270.03	288.39		
	普通硅酸盐水泥（P·O）42.5级	kg	1074.825	0.51	548.16		
	墙面砖 240mm×60mm（中档）	m²	868.594			33.96	29497.45
	材料费合计	元		—	14519.43	—	29497.45

注：1. 本表用于编制招投标综合单价时，招标文件提供了暂估单价的材料，应按暂估的单价填入表内"暂估单价"栏及"暂估合价"栏。

　　2. 本表用于编制工程竣工结算时，其材料单价应按双方约定的（结算单价）填写。

　　3. 其他管理费的计算费按附录C建筑安装工程费用标准说明第2条规定计取。

综合单价分析表

表 8-2-5
第 2 页共 2 页

工程名称：外墙面装饰工程　　　　标段：

清单编码	项目名称	计量单位	数量	综合单价	合价（元）
011204003002	块料墙面	m²	468.94	144.59	67802.3

消耗量标准编号	项目名称	单位	数量	单价（元）合计（直接费）	人工费	材料费	机械费	管理费 1.8%	其他管理费 2%	利润 1%	合价（元）
A12-101 换	水泥砂浆粘贴面砖 240mm×60mm 面砖 灰缝（mm）5	100m²	4.6894	14064.81	8182.4	5750.13	132.28	1187.22		659.56	67802.3
累计（元）				65955.52	38370.55	26964.66	620.31	1187.22		659.56	67802.3

材料费明细表

材料、名称、规格、型号	单位	数量	单价	合价	暂估单价	暂估合价
石料切割锯片	片	3.517	35.4	124.5		
水	t	4.291	4.39	18.84		
其他材料费	元	559	1	559		
建筑胶	kg	143.496	2.5	358.74		
预拌干混抹灰砂浆 DP M2 0.0	m³	9.566	605.31	5790.4		
粗净砂	m³	0.534	270.03	144.2		
普通硅酸盐水泥（P·O）42.5 级	kg	537.795	0.51	274.28		
墙面砖 240mm×60mm（高档）	m²	434.942			45.28	19694.17
材料费合计	元	—		1269.96	—	19694.17

注：1. 本表用于编制招投标综合单价时，招标文件提供了暂估单价的材料，应按暂估的单价填入表内"暂估单价"栏及"暂估合价"栏。
2. 本表用于编制工程竣工结算时，其材料单价应按双方约定定的（结算单价）填写。
3. 其他管理费的计算按附录 C 建筑安装工程费用标准规定第 2 条规定计取。

总价措施项目清单计费表　　　　　　　　　　　　　　　表 8-2-6

工程名称：外墙面装饰工程　　　　　　　　　　　标段：　　　　　　　　　　　第 1 页共 1 页

序号	项目编号	项目名称	计算基础	费率（%）	金额（元）	备注
1	011707002001	夜间施工增加费	按招标文件规定或合同约定			
2	01B001	压缩工期措施增加费（招投标）	附录 D 相关规定			
3	011707005001	冬雨季施工增加费	附录 D 相关规定	0.16	308.96	
4	011707007001	已完工程及设备保护费	按招标文件规定或合同约定			
5	01B002	工程定位复测费	按招标文件规定或合同约定			
6	01B003	专业工程中的有关措施项目费	按各专业工程中的相关规定及招标文件规定或合同约定			
		合计			308.96	

注：按施工方案计算的措施费，若无"计算基础"和"费率"的数值，也可只填"金额"数值，但应在备注栏说明施工方案出处或计算方法。

绿色施工安全防护措施项目费计价表（结算）　　　　　　　表 8-2-7

工程名称：外墙面装饰工程　　　　　　　　　　　标段：　　　　　　　　　　　第 1 页共 1 页

序号	工程内容	计费基数	金额（元）	备注
一	按固定费率部分	直接费	4620.83	

注：1. 按工程量计算部分的管理费、利润按各专业工程取费表计取。
　　2. 安装工程取费基数按人工费，其他工程取费基数按直接费（不含其他管理费的计费基数）。

其他项目清单与计价汇总表　　　　　　　　　　　　　表 8-2-8

工程名称：外墙面装饰工程　　　　　　　　　　　标段：　　　　　　　　　　　第 1 页共 1 页

序号	项目名称	计费基础 / 单价	费率 / 数量	金额（元）	备注
1	暂列金额				
2	暂估价				
2.1	材料暂估价			49191.62	
2.2	专业工程暂估价				
2.3	分部分项工程暂估价				
3	计日工				

续表

序号	项目名称	计费基础/单价	费率/数量	金额（元）	备注
4	总承包服务费				
5	优质工程增加费				
6	安全责任险、环境保护税		1	1980.27	
7	提前竣工措施增加费				
8	索赔签证				
9	其他项目费合计	1+2.2+2.3+3+4+5+6+7+8		1980.27	

注：材料暂估单价进入清单项目综合单价，此处不汇总。

人工、材料、机械汇总表

表 8-2-9

工程名称：外墙面装饰工程　　　　　　　　标段：　　　　　　　　第 1 页共 1 页

序号	编码	名称（材料、机械规格型号）	单位	数量	单价	合价（元）	备注
1	H00001	人工费	元	114997.905	1	114997.91	
2	03130700007	石料切割锯片	片	10.541	35.4	373.15	
3	04010100001	普通硅酸盐水泥（P·O）42.5 级	kg	1612.62	0.51	822.44	
4	04030400001	粗净砂	m³	1.602	270.03	432.59	
5	07010100005@1	墙面砖 240mm×60mm（中档）	m²	868.594	33.96	29497.45	
6	07010100005@2	墙面砖 240mm×60mm（高档）	m²	434.942	45.28	19694.17	
7	14410000011	建筑胶	kg	430.062	2.5	1075.16	
8	34110100002	水	t	12.859	4.39	56.45	
9	88010500001	其他材料费	元	1675.343	1	1675.34	
10	80010200003	预拌干混抹灰砂浆 DP M2 0.0	m³	28.67	605.31	17354.24	
11	J6-14	干混砂浆罐式搅拌机 200（L）小	台班	5.2	217.368	1130.31	
12	J7-102	岩石切割机 功率（kW）3 小	台班	16.303	44.703	728.79	
		本页小计	元			187838	
		合计	元			187838	

注：招标控制价、投标报价、竣工结算通用表。

任务 8.3　结算工程量审核

 任务描述

审核施工单位报送的外墙装饰工程结算工程量。

8.3.1　东立面分区（1）工程量审核

东立面分区（1）部分，Ⓐ ~ ①/Ⓑ轴，标高 4.5~19.5m，外墙装饰工程量审核。

根据实物照片（图 8-3-1）分析图纸改动之处，经分析，有三处改动：1）洞口侧壁有贴面砖；2）有台阶扣减；3）从标高 4.650m 开始贴面砖。

图 8-3-1　东立面分区（1）实拍图

1. 大面

Ⓐ ~ ①/Ⓑ轴，标高 4.5~19.5m，大面面积计算审核：

$S_{大面}$=（0.3+7.5+4.1-0.3）×（19.5-4.65）=172.26m²。计算高度从 4.650m 开始，工程量核减 1.74m²。

大面面积计算立面图结合平面图进行，Ⓑ ~ ①/Ⓑ轴立面图尺寸为 3.9m，平面图为 4.1m，查询结构图为 4.1m，按 4.1m 取值计算。

①/Ⓑ轴算至靠Ⓑ轴一侧的柱侧，①/Ⓑ轴整个柱面本身都算至分区（2）。

装饰装修工程结算审核东立面分区（1）——大面

2. 门窗洞口

Ⓐ ~ ①/Ⓑ轴，标高 4.5~19.5m 门窗（洞口）面积计算审核：

$S_{门窗}$=6.5×（9.9-4.65）+0.6×2.6×6+3.5×（17-5.9）=34.13+9.36+38.85=82.34m²

洞口底标高计算从 4.650m 开始，工程量核增 0.98m²。

3. 窗侧、窗台

Ⓐ~①/Ⓑ轴，标高 4.5~19.5m 门窗（洞口）面积（图 8-3-2）计算审核：

现场实测 C0626 窗台窗侧贴面砖的宽度为 90mm。

$S_{窗侧}=$（$2.6\times0.09\times2+0.6\times0.09$）$\times6=3.13m^2$。

报审宽度为 100mm，核减 0.35m²。

装饰装修工程结算审核东立面分区（1）——门窗洞口

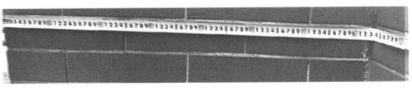

（a）　　　　　　　　　　　　　　　（b）

图 8-3-2　C0626 窗台、窗侧实测图

4. Ⓑ轴墙侧

Ⓑ轴墙侧（C3 左）面积（图 8-3-3）计算审核：

C3 窗侧测量数据为 750mm，C3 窗台下侧边测量数据为 735mm。

Ⓑ轴墙侧 10.8m 以下面积：$0.735\times$（$5.9-4.65$）$+0.75\times$（$10.8-5.9$）$=4.59m^2$

查看四层平面图Ⓑ轴位置，C3 处边缘到Ⓑ轴柱外边进深尺寸为 0.4m。

查看五层平面图Ⓑ轴位置，墙到墙外边尺寸为 0.4m。

实地观察窗侧和墙侧宽度不一致，差别很明显。

根据 C3 窗台侧边测量数据为 750mm，C3 在⑨轴上偏内侧 50mm。

Ⓑ轴墙侧 10.8m 以上面积：$0.15\times$（$17.0-10.8$）$+0.4\times$（$19.5-17$）$=1.93m^2$。

Ⓑ轴墙侧面积 $4.59+1.93=6.52m^2$，报审 8.41m²，工程量核减 1.89m²。

装饰装修工程结算审核东立面分区（1）——窗侧窗台

装饰装修工程结算审核东立面分区（1）——B 轴墙侧

5. ①/Ⓑ轴墙侧

①/Ⓑ轴墙侧实物见图 8-3-4；实测图见图 8-3-5。

①/Ⓑ轴墙侧墙面到墙面测量数据为 235mm（图 8-3-6）。

①/Ⓑ轴 C3 右侧窗侧测量数据为 247mm。

$0.6\times$（$19.5-17$）$+0.247\times$（$17-5.9$）$+0.235\times$（$5.9-4.65$）$=4.54m^2$，工程量核减 5.57m²。

6. Ⓐ、Ⓑ轴洞口侧壁

Ⓐ、Ⓑ轴洞口侧壁实物见图 8-3-7。

装饰装修工程结算审核东立面分区（1）——1/B 轴墙侧

装饰装修工程结算审核东立面分区（1）——A、B 轴洞口侧壁

图 8-3-3　C3 窗墙侧实测实拍组图　　　　　　图 8-3-4　①/Ⓑ轴墙侧实物图

图 8-3-5　①/Ⓑ轴墙侧墙面到墙面实测图

图 8-3-6　①/Ⓑ轴 C3 右侧窗侧实测图

思考：要计算此处外墙面砖面积，需查看哪些图纸？

此处标高为 10.8m，查看三层梁板结构图，梁高 700mm，板厚 140mm（图 8-3-8）。

从实物图上看出，需要计算两个高度，查结构图板厚 140mm，梁高 700mm。

H_1=5.25m（到梁底，立面图上量出）；

H_2=5.25+0.7-0.14=5.81m（到板底）；

L_1=1.1-0.2+0.4+0.6=1.9m（查看二层建筑平面图）；

L_1=0.3+0.4+0.4+0.6+0.2=1.9m。

按顺时针方向计算也是如此，用不同的方法进行验证，保证计算准确。

L_2=0.3（查看三层梁图，Ⓑ轴柱宽 600mm，KL9 梁宽 300mm）。

$S_{门洞侧壁}$=（0.3×5.81+1.9×5.25）×2=11.72m² ×2=23.44m²（左右侧均有），工程量核增 23.44m²。

图 8-3-7　Ⓐ、Ⓑ轴洞口侧壁
实物图

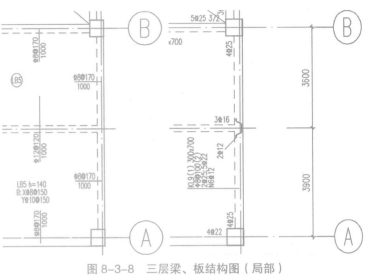

图 8-3-8　三层梁、板结构图（局部）

7. C3 下台阶位置扣减

原施工图Ⓑ～①/Ⓑ轴没有台阶（图 8-3-9），实际工程现场此处有台阶（图 8-3-10），现根据现场测量数据进行扣减计算。

装饰装修工程结
算审核东立面
分区（1）——
C3 下台阶位置
扣减

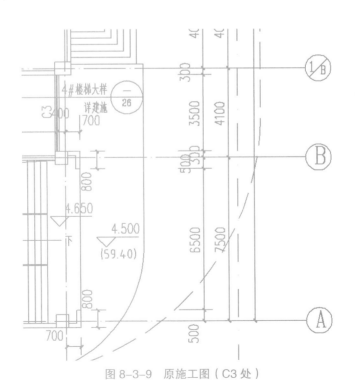

图 8-3-9　原施工图（C3 处）

（a）　　　　　　　　　　　　　　　　　（b）

图 8-3-10　台阶正、侧面实物图
（a）台阶实物照片正面；（b）台阶实物照片侧面

最上阶台阶宽 200mm，高度 165mm，最下阶台阶高度 100mm（底标高 4.650m）（图 8-3-11）。

（a）　　　　　　　　　　　　　　　　　（b）

（c）　　　　　　　　　　　　　　　　　（b）

图 8-3-11　最上阶、标准台阶实测图
（a）最上阶台阶宽；（b）最上阶台阶高；（c）标准台阶宽度；（d）最下阶台阶高度

中间 5 阶每一阶高度 =（5.585–4.65–0.165–0.1）/5=0.134m

$S_{正面台阶}$=0.2×（5.585–4.65）+0.3×（0.935–0.165）+0.3×（0.77–0.134）+0.3×（0.77–0.134×2）+0.3×（0.77–0.134×3）+0.3×（0.77–0.134×4）+0.3×0.1

$S_{正面台阶}$=0.2×0.165+（0.2+0.3）×0.134+（0.2+0.3×2）×0.134+（0.2+0.3×3）×0.134+（0.2+0.3×4）×0.134+（0.2+0.3×5）×0.134+（0.2+0.3×6）×0.1

$S_{正面台阶}$=0.97m²，工程量核减 0.97m²。

$S_{侧面台阶}$=0.235×（5.585–4.65）=0.22m²，工程量核减 0.22m²。

8. 东立面分区（1）审核结果

东立面分区（1）审核结果见表 8-3-1。

东立面分区（1）审核汇总表　　　　　　　表 8-3-1

分区	位置	标高	计算式	面砖（m²）	核增（减）（m²）
（1）	Ⓐ~Ⓑ/1轴	4.5~19.5			
1	大面		（0.3+7.5+4.1–0.3）×（19.5–4.65）	172.26	–1.74
2	Ⓐ~Ⓑ轴	洞口扣减	6.5×（9.9–4.65）	–34.13	0.98
	Ⓐ~Ⓑ轴	C0626	0.6×2.6×6	–9.36	0.00
	Ⓑ-1~Ⓑ轴	C3	3.5×（17–5.9）	–38.85	0.00
3	Ⓐ~Ⓑ/1轴	窗侧窗台	（2.6×0.09×2+0.6×0.09）×6	3.13	–0.35
4	Ⓑ轴	墙侧	0.75×（10.8–5.9）+0.735×（5.9–4.65）	4.59	–2.20
			0.4×（19.5–17）+0.15×（17–10.8）	1.93	0.31
5	Ⓑ/1轴	墙侧	0.6×（19.5–17）+0.247×（17–5.9）+0.235×（5.9–4.65）	4.54	–5.57
6	Ⓐ~Ⓑ轴	洞口侧壁	（0.3×5.81+1.9×5.25）×2 侧	23.44	23.44
7	Ⓑ-1~Ⓑ轴	台阶扣减	0.2×（5.585–4.65）+0.3×（0.935–0.165）+0.3×（0.77–0.134）+0.3×（0.77–0.134×2）+0.3×（0.77–0.134×3）+0.3×（0.77–0.134×4）+0.3×0.1	–0.97	–0.97
			0.235×（5.585–4.65）	–0.22	–0.22
		小计		126.36	13.67

分区（1）报审工程量 112.69m²，见表 8-2-1，漏算Ⓐ、Ⓑ轴洞口侧壁工程量 23.44m²，最终核增工程量 13.67m²，核定工程量为 126.36m²。

8.3.2　东立面分区（2）工程量审核

东立面分区（2）相关图纸见图 8-3-12~ 图 8-3-14，Ⓑ/1~Ⓙ轴，标高 4.5~19.5m 外墙面砖装饰工程量审核。

图 8-3-12　东立面分区（2）实物图

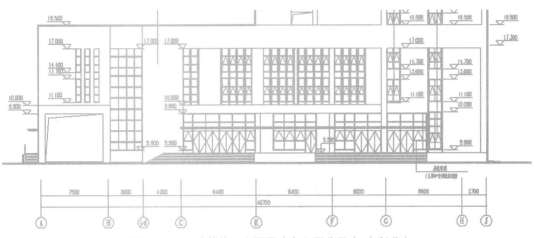

图 8-3-13　建筑施工立面图（东立面分区（2）部分）

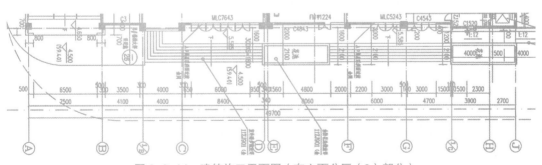

图 8-3-14　建筑施工平面图（东立面分区（2）部分）

与分区（1）的分界为⑴/B轴向下（向左 300mm）。

1. 大面面积计算

⑴/B ~ Ⓙ轴，标高 5.585~19.5m 大面面积：（4.0+27.8+3.9+2.7+0.1）×（19.5-5.585）=535.73m²。

报审无误,查看三层平面图得到数据27.8m。

2. 二层门窗扣减

(1)MLC7643(图8-3-15)

MLC7643窗台测量高度242.5mm,MLC7643窗台测量长度1110mm。

MLC7643扣减面积为:$7.6 \times 4.3 - 1.11 \times 0.2425 \times 2 = 32.14m^2$。

(2)C4843(图8-3-16)

C4843窗台测量高度250mm,C4843窗台测量长度3300mm。

C4843扣减面积为:$4.8 \times 4.3 - 3.3 \times 0.25 = 19.815m^2$。

(3)MLC5243(图8-3-17)

MLC5243窗台测量高度250mm,MLC5243窗台测量长度3130mm。

MLC5243扣减面积为:$5.1 \times 4.3 - 3.13 \times 0.25 = 21.15m^2$。

(4)C4543(图8-3-18)

C4543窗台测量高度250mm,C4543窗台测量长度2620mm。

C4543扣减面积为:$4.5 \times 4.3 - 2.62 \times 0.25 = 18.70m^2$。

装饰装修工程结算审核东立面分区(2)——大面

装饰装修工程结算审核东立面分区(2)——二层门窗扣减

(a)

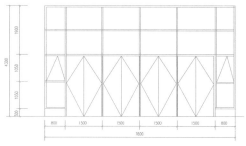

MLC7643 1:50

(b)

(c)　　　　　　　　　　　　　　　　(d)

图8-3-15 MLC7643组图

(a)MLC7643实物照片;(b)门窗表(MLC7643部分);(c)MLC7643窗台高度实测图;
(d)MLC7643窗台长度实测图

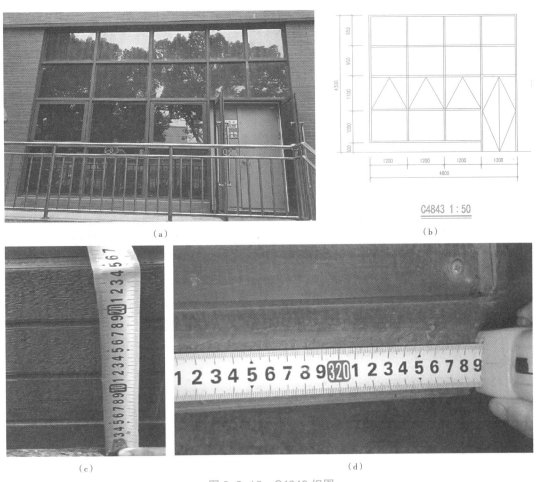

图 8-3-16　C4843 组图

（a）C4843 实物图；（b）门窗表（C4843 部分）；（c）C4843 窗台高度实测图；（d）C4843 窗台长度实测图

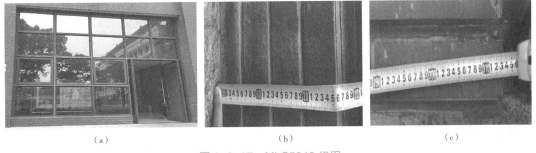

图 8-3-17　MLC5243 组图

（a）MLC5243 实物照片；（b）MLC5243 窗台高度实测图；（c）MLC5243 窗台长度实测图

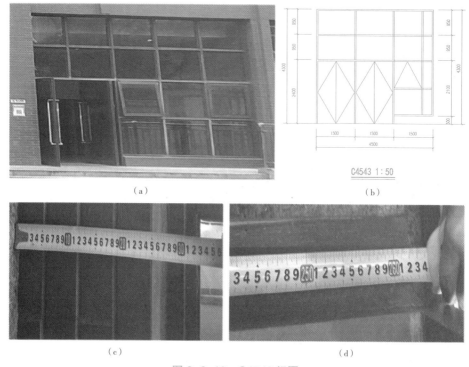

图 8-3-18　C4543 组图

（a）C4543 实物照片；（b）门窗表（C4543 部分）；（c）C4543 窗台高度实测图；（d）C4543 窗台长度实测图

（5）C1520（图 8-3-19）

C1520 窗台测量高度 2425mm。

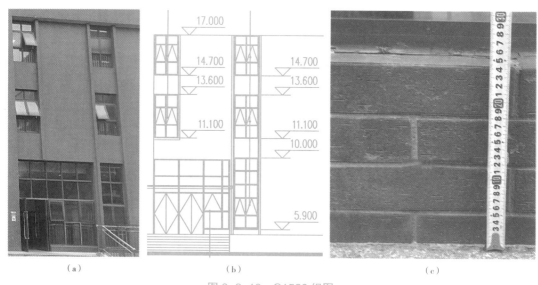

图 8-3-19　C1520 组图

（a）C1520 实物照片；（b）东立面图（C1520 局部）；（c）C1520 窗台高度实测图

C1520 扣减面积为：1.5×（4.3–0.2425）=6.09m²。

二层门窗扣减复核汇总见表 8-3-2。

东立面分区（2）二层门窗扣减复核汇总表　　　表 8-3-2

二层门窗	报审计算式	面积（m²）	复核计算式	面积（m²）
MLC7643	7.6×4.3–0.8×0.3×2	32.20	7.6×4.3–1.11×0.2425×2	32.14
C4843	4.8×4.3–3.6×0.3	19.56	4.8×4.3–3.3×0.25	19.82
MLC5243	5.1×4.3–2.1×0.3	21.30	5.1×4.3–3.13×0.25	21.15
C4543	4.5×4.3–1.5×0.3	18.90	4.5×4.3–2.62×0.25	18.70
C1520	1.5×（10–5.9）	6.15	1.5×（4.3–0.2425）	6.09
小计		98.11		97.9

二层门窗扣减，报审面积 98.11m²，核定面积 97.9m²，面砖工程量核减 –97.9–（–98.11）=0.21m²。

3. 三、四层门窗扣减（图 8-3-20）

（1）C0826

报审：0.75×2.6×10×2=39.00m²，无误。

（2）C0726

报审：0.70×2.6×8×2=29.12m²，根据实物照片看为一排 9 个。

审定：0.7×2.6×9×2=32.76m²。

（3）C1520

报审：1.5×（17.0–14.7+13.6–11.1）×2=14.40m²，无误。

四层门窗扣减复核汇总见表 8-3-3。

装饰装修工程结算审核东立面分区（2）——三、四层门窗扣减

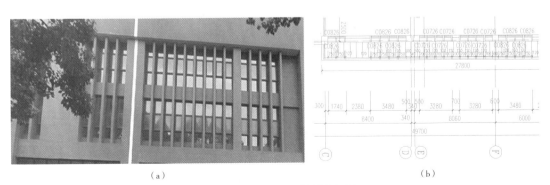

（a）　　　　　　　　　　　　　　（b）

图 8-3-20　三、四层门窗组图

（a）三、四层门窗实物图；（b）建筑施工图（三、四层门窗部分）

三四层门窗扣减面积增加 $3.64m^2$，面砖工程量核减 $3.64m^2$。

东立面三、四层门窗扣减复核汇总表　　　　　　　　　　表 8-3-3

三、四层门窗	报审计算式	面积（m^2）	复核计算式	面积（m^2）
C0826	$0.75 \times 2.6 \times 10 \times 2$	39.00	$0.75 \times 2.6 \times 10 \times 2$	39.00
C0726	$0.7 \times 2.6 \times 8 \times 2$	29.12	$0.7 \times 2.6 \times 9 \times 2$	32.76
C1520	$1.5 \times (17.0-14.7+13.6-11.1) \times 2$	14.40	$1.5 \times (17.0-14.7+13.6-11.1) \times 2$	14.40
小计		82.52		86.16

4. 二层墙侧

在计算墙侧之前首先要明确东立面分区（2）有几个面（图 8-3-21）。

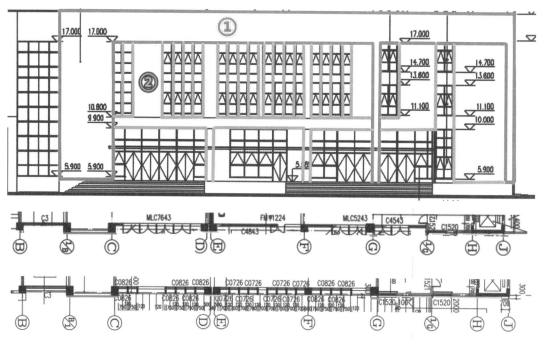

图 8-3-21　东立面①②③④面示意图

最外层面，我们称之为①面，⑴/B～ⓒ轴、ⓖ轴、ⓙ轴突出⑨轴 300mm。

由外往内第二层面，我们称之为②面，二层ⓓ轴、ⓔ轴、ⓕ轴柱面、ⓗ～ⓙ轴墙面；三层窗间墙，ⓖ～ⓙ轴墙面突出⑨轴 100mm。

由外往内第三层面，我们称之为③面，四层梁面ⓒ～ⓖ轴，梁高 700mm，凹进⑨轴 200mm。

由外往内第四层面，我们称之为④面，二、三、四层开门窗的墙面 ⓒ ~ ①ⓖ轴凹进⑨轴 300mm。

东立面实物图见图 8-3-22。

①面ⓒ轴右、ⓖ轴左墙侧：

标高 9.9m 以下，墙侧宽度：①面 ~ ④面距离为 600mm。

$0.6 \times 2 \times （9.9-5.585）=5.18m^2$，无误。

标高 9.9~10.8m，墙侧宽度：①面 ~ ②面距离为 200mm。

$0.2 \times 2 \times （10.8-9.9）=0.36m^2$，核减 $0.36m^2$。

②面ⓓ、ⓔ、ⓕ轴墙侧，墙侧宽度：②面 ~ ④面距离为 400mm。

$0.4 \times 2 \times 2 \times （9.9-5.585）=6.90m^2$，无误。

二层墙侧报审 $12.8m^2$，核定为 $12.44m^2$，工程量核减 $0.36m^2$。

5. 二层门窗侧

（1）MLC7643

MLC7643 窗台测量长度 1110mm。

MLC7643 窗台测量宽度为 60mm（图 8-3-23）。

$（4.3+1.11）\times 2 \times 0.06=0.65m^2$，核减 $0.37m^2$。

（2）C4843

C4843 窗台测量长度 3300mm。

C4843 窗侧测量宽度为 36mm（图 8-3-24）。

$（4.3 \times 2+3.3）\times 0.036=0.43m^2$，核减 $0.79m^2$。

（3）MLC5243

MLC5243 窗台测量长度 3130mm（图 8-3-25）。

装饰装修工程结算审核东立面分区（2）——二层墙侧

装饰装修工程结算审核东立面分区（2）——二层门窗侧

图 8-3-22　东立面实物图

图 8-3-23　MLC7643 窗台　　　图 8-3-24　C4843 窗侧实测图　　　图 8-3-25　MLC5243 窗台
实测图　　　　　　　　　　　　　　　　　　　　　　　　　　　　　　　实测图

MLC5243 窗台测量宽度为 50mm。

（4.3×2+3.13）×0.05=0.59m²，核减 0.48m²。

（4）C4543

C4543 窗台测量长度 2620mm。C4543 窗台测量宽度为 50mm。

（4.3×2+2.62）×0.05=0.56m²，核减 0.45m²。

（5）C1520（与三四层合并计算）

二层门窗侧工程量复核汇总见表 8-3-4。

东立面二层门窗侧工程量复核汇总表　　　　　　　　　　　　表 8-3-4

二层窗侧	报审计算式	面积（m²）	复核计算式	面积（m²）
MLC7643	（4.3+0.8）×2×0.1	1.02	（4.3+1.11）×2×0.06	0.65
C4843	（4.3×2+3.6）×0.1	1.22	（4.3×2+3.3）×0.036	0.43
MLC5243	（4.3×2+2.1）×0.1	1.07	（4.3×2+3.13）×0.05	0.59
C4543	（4.3×2+1.5）×0.1	1.01	（4.3×2+2.62）×0.05	0.56
小计		4.32		2.23

二层窗侧面积报审 4.32m²，核定 2.23m²，面砖工程量核减 2.09m²。

6. 台阶处

从标高 5.585m 算起，无台阶增减问题，工程量核减 16.31m²。

7. 三、四层墙侧

（1）ⓒ、ⓖ轴

ⓒ轴处是①面和②面之间的距离，为 200mm；ⓖ轴处是①面和④
面之间的距离，为 600mm。

（0.2+0.6）×（17.0-10.8）-0.7×0.1=4.89m²，核减 2.55m²。

装饰装修工程结
算审核东立面分
区（2）——
台阶

（2） Ⓒ~Ⓖ轴窗间墙墙侧

②面和④面之间的距离为 400mm；中间③面突出④面 100mm。

$0.4 \times 2 \times 19 \times$（$17.0 - 10.8$）$+ 0.4 \times$（$17.0 - 10.8$）$-$
$0.7 \times 0.1 \times 2 \times 19 = 94.06 \text{m}^2$，核减 5.14m^2。

（3） Ⓖ、Ⓙ轴突出墙面线条

从三层建筑平面图上看，3 个 C1520 窗边线条突出墙面 150mm。

C1520 窗边线条突出墙面测量数据为 81mm，C1520 窗边线条突出窗
面测量数据为 153.5mm（图 8-3-26），根据测量数据推算出 C1520 窗台窗侧为 72.5mm。

装饰装修工程结算审核东立面分区（2）——三、四层墙侧

（a）

（b）

图 8-3-26　C1520 窗边线条组图

（a）C1520 窗边线条突出墙面测量实物照片；（b）C1520 窗边线条突出窗子测量实物照片

C1520 窗边线条长度为 7.1m（17.00-9.9）和 2 根 11.415m（17.00-5.585）。

$0.081 \times 2 \times$（$17.0 - 9.9$）$+ 0.081 \times 2 \times 2 \times$（$17 - 5.585$）$= 4.85 \text{m}^2$，核减 0.35m^2。

（4） Ⓖ轴（右）墙侧

Ⓖ轴（右）墙侧二层是①面~④面的距离，宽度 600mm；三四层是①面~②面的距离，宽度 200mm。

$0.6 \times$（$9.9 - 5.585$）$+ 0.2 \times$（$17.0 - 9.9$）$= 4.01 \text{m}^2$，无误。

（5） Ⓘ/Ⓖ轴（右）墙侧

二层是②面~④面的距离，宽度 400mm。

$0.4 \times$（$9.9 - 5.585$）$= 1.73 \text{m}^2$，无误。

（6） Ⓙ轴墙侧

从二、三、层平面图看到宽度为 200mm。

$0.2 \times$（$17.0 - 5.585$）$= 2.28 \text{m}^2$，无误。

东立面三、四层墙侧工程量复核汇总表　　　　　　表 8-3-5

三、四层墙侧	报审计算式	面积（m²）	复核计算式	面积（m²）
ⓒ、ⓖ轴墙侧	0.6×2×（17.0−10.8）	7.44	（0.2+0.6）×（17.0−10.8）−0.7×0.1	4.89
窗间墙侧ⓓ、ⓔ、ⓕ轴柱侧	0.4×2×2×（17.0−10.8）	9.92	0.4×2×19×（17.0−10.8）+0.4×（17.0−10.8）−0.7×0.1×2×19	94.06
C08（07）26 窗间墙侧	0.4×2×18×（17.0−10.8）	89.28		
ⓖ（右）轴墙侧	0.6×（9.9−5.585）+0.2×（17.0−9.9）	4.01	0.6×（9.9−5.585）+0.2×（17.0−9.9）	4.01
ⓖ～ⓙ轴窗边墙侧	0.15×2×（17.0−11.1）	1.77	0.081×2×（17.0−9.9）	1.15
	0.15×2×（17−5.585）	3.42	0.081×2×2×（17−5.585）	3.70
①/ⓖ轴墙侧	0.4×（9.9−5.585）	1.73	0.4×（9.9−5.585）	1.73
ⓙ轴墙侧	0.2×（17.0−5.585）	2.28	0.2×（17.0−5.585）	2.28
小计		119.85		111.82

注：C1520 与三、四层合并计算。

三、四层墙侧面积报审 119.85m²，核定 111.82m²，工程量核减 8.03m²，详见表 8-3-5。

8. 三、四层窗侧

（1）三、四层 C0826 窗侧

三层 C0826 和 C0726 窗台测量宽度为 50mm，四层 C0826 和 C0726 窗台宽度为 150mm。

0.75×10 个 ×（0.05+0.15）+2.6×2 侧 ×10 个 ×0.05×2 层 =6.70m²，核减 5.20m²。

（2）三、四层 C0726 窗侧

0.70×9 个 ×（0.05+0.15）+2.6×2 侧 ×9 个 ×0.05×2 层 =5.94m²，核减 3.50m²。

（3）二、三、四层 C1520 窗侧

[1.5×5+（4.3−0.2425）×2+2.5×4+2.3×4]×0.0725=2.52m²，核减 0.97m²。

装饰装修工程结算审核东立面分区（2）——三、四层窗侧

东立面三、四层窗侧工程量复核汇总表　　　　　　表 8-3-6

三、四层窗侧	报审计算式	面积（m²）	复核计算式	面积（m²）
C0826	（0.75+2.6×2）×0.1×20	11.9	0.75×10个 ×（0.05+0.15）+2.6×2侧 × 10个 ×0.05×2	6.70
C0726	（0.7+2.6×2）×0.1×16	9.44	0.70×9个 ×（0.05+0.15）+2.6×2侧 × 9个 ×0.05×2层	5.94

续表

三、四层窗侧	报审计算式	面积（m²）	复核计算式	面积（m²）
C1520	（1.5+2.3+2.5）×4×0.1	2.52	[1.5×5+（4.3-0.2425）×2+2.5×4+2.3×4] ×0.0725	2.52
C1520 二层	（4.1×2+1.5）×0.1	0.97		
小计		24.83		15.16

三、四层窗侧面积报审 24.83m²，核定 15.16m²，工程量核减 9.67m²，详见表 8-3-6。

9. 东立面分区（2）审核结论

东立面分区（2）审核结论见表 8-3-7。

东立面分区（2）审核汇总表　　　　表 8-3-7

分区	位置	标高	计算式	面砖（m²）	核增（减）（m²）
（2）	①/B ~ ⑨轴	4.5~19.5m			
1	大面		（4.0+27.8+3.9+2.7+0.1）×（19.5-5.585）	535.73	0
	二层门窗扣减			-97.9	0.21
2	MLC7643		7.6×4.3-1.11×0.2425×2	-32.14	
	C4843		4.8×4.3-3.3×0.25	-19.82	
	MLC5243		5.1×4.3-3.13×0.25	-21.15	
	C4543		4.5×4.3-2.62×0.25	-18.70	
	C1520		1.5×（4.3-0.2425）	-6.09	
3	三、四层门窗扣减			-86.16	-3.64
	C0826		0.75×2.6×10×2	-39.00	
	C0726		0.7×2.6×9×2	-32.76	
	C1520		1.5×（17.0-14.7+13.6-11.1）×2	-14.4	
4	二层墙侧			12.44	-0.36
	ⓒ（右）、ⓖ（左）轴墙侧	标高 9.9m 以下	0.6×2×（9.9-5.585）	5.18	
		标高 9.9~10.8m	0.2×2×（9.9-5.585）	0.36	
	ⓓ、ⓔ、ⓕ轴墙侧		0.4×2×2×（9.9-5.585）	6.90	
5	二层门窗侧			2.23	-2.09
	MLC7643		（4.3+1.11）×2×0.06	0.65	
	C4843		（4.3×2+3.3）×0.036	0.43	
	MLC5243		（4.3×2+3.13）×0.05	0.59	
	C4543		（4.3×2+2.62）×0.05	0.56	
6	台阶处		0	0	-16.31
7	三四层墙侧			111.82	-8.03
	ⓒ、ⓖ轴墙侧		（0.2+0.6）×（17.0-10.8）-0.7×0.1	4.89	

续表

分区	位置	标高	计算式	面砖（m²）	核增（减）（m²）
7	窗间墙侧 Ⓓ、Ⓔ、Ⓕ轴柱侧		$0.4 \times 2 \times 19 \times (17.0-10.8) + 0.4 \times (17.0-10.8) -0.7 \times 0.1 \times 2 \times 19$	94.06	
	C08（07）26 窗间墙侧				
	Ⓖ（右）轴墙侧		$0.6 \times (9.9-5.585) +0.2 \times (17.0-9.9)$	4.01	
	Ⓖ~Ⓙ轴窗边墙侧		$0.081 \times 2 \times (17.0-9.9)$	1.15	
			$0.081 \times 2 \times 2 \times (17-5.585)$	3.70	
	Ⓘ/Ⓖ轴墙侧		$0.4 \times (9.9-5.585)$	1.73	
	Ⓙ轴墙侧		$0.2 \times (17.0-5.585)$	2.28	
8	三四层窗侧			15.16	−9.67
	C0826		$0.75 \times 10 \times (0.05+0.15) + 2.6 \times 2 \times 10 \times 0.05 \times 2$	6.70	
	C0726		$0.70 \times 9 \times (0.05+0.15) + 2.6 \times 2 \times 9 \times 0.05 \times 2$	5.94	
	C1520		$[1.5 \times 5+ (4.3-0.2425) \times 2+ 2.5 \times 4+2.3 \times 4] \times 0.0725$	2.52	
	C1520 二层				
小计				493.33	−39.89

分区（2）报审工程量533.21m²，台阶处报审多扣减工程量16.31m²，最终核减工程量39.89m²，核定工程量为493.33m²。

8.3.3　东立面分区（3）工程量审核

东立面分区（3），Ⓔ~Ⓕ轴，标高10.5~30.3m，外墙面砖装饰工程量审核。

从立面图上看标高为19.5~30.3m，结合平面图，该处位置在平面图第④轴。通过浏览平面图找到该处位置在第三层平面。查阅第三层平面图，该处结构标高为10.5m，该处为上人屋面（有门通向），查阅建筑说明上人屋面参11ZJ201（1/7）（图8-3-27~图8-3-29）。

装饰装修工程结算审核东立面分区（3）

思考：保温层厚度为65mm，建筑标高和结构相差多少？

h=10+25+1.5×2+1.5+20+82+65+1.5+20=228mm（根据三层平面图计算，水泥加气混凝土砌块平均厚度为82mm）；

建筑标高为10.5+0.228=10.728m。

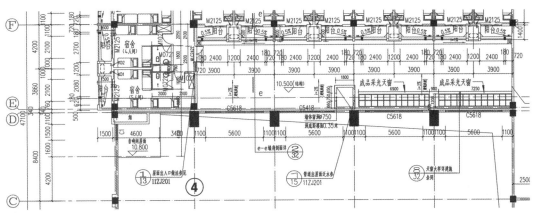

图 8-3-27　三层平面图（④轴处）

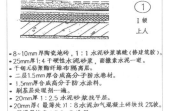

图 8-3-28　建筑施工总说明（屋面部分）

图 8-3-29　规范 11ZJ201
（1/7）说明

1. 大面

Ⓔ ~ Ⓕ轴，标高 10.728~30.3m，外墙面砖大面面积计算审核。

结合 e—e 墙身剖面图查看三层平面，8.06-1.6 算至剖面图的阳台梁外边（图 8-3-30）。

$S_{大面}$ =（8.06-1.6+0.1）×（30.3-10.728）+ 1 × 0.08 × 6 层 =128.87m²。

报审 131.47m²，审定 128.87m²，工程量核减 2.60m²。

2. 门窗洞口扣减

报审 2.4 × 1.8 × 4+2.4 × 2.1=22.32m²，无误。

3. 梁面扣减

立面图标识了洞口上方梁面位置为涂料，

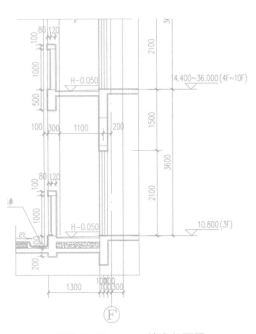

图 8-3-30　e—e 墙身剖面图

梁高 700mm（查询结构图也符合），对照实物照片，有 4 层梁面需要扣除。

2.4×0.7×4=6.72m²，漏报，工程量核减 6.72m²。

4. 洞口台面及洞侧

洞口侧壁测量数据为 240mm，洞口台面测量数据为 330mm（图 8-3-31）。

（2.4×0.33+1.8×0.24×2）×4=6.62m²，漏报，工程量核增 6.62m²。

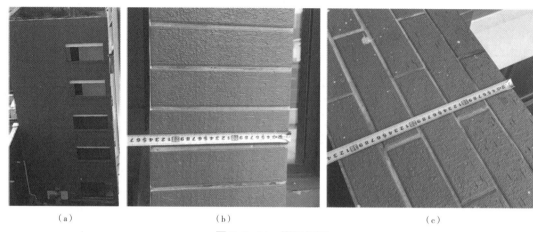

（a）   （b）   （c）

图 8-3-31   洞口组图
（a）④轴处洞口照片；（b）洞口侧壁实测图；（c）洞口台面实测图

5. 三层门侧

经测量，门侧测量宽度均为 100mm。

2.1×2×0.1=0.42m²，漏报，工程量核增 0.42m²。

6. 东立面分区（3）审核结论

东立面分区（3）审核结论见表 8-3-8。

东立面分区（3）审核汇总表   表 8-3-8

分区	位置	标高	计算式	面砖	核增（减）（m²）	备注
（3）	Ⓔ~Ⓕ轴	10.728~30.3m				
1	大面		（8.06-1.6+0.1）×（30.3-10.728）	128.39	-2.60	算至阳台梁外边
	阳台栏板处断面增加		1×0.08×6	0.48		3~8 层共 6 层
2	④轴洞口面积扣减		2.4×1.8×4+2.4×2.1	-22.32	0	
3	洞口处梁面积扣减		2.4×0.7×4	-6.72	-6.72	洞口处梁为涂料，而非瓷砖，见立面图
4	洞口台面及洞侧		（2.4×0.33+1.8×0.24×2）×4	6.62	6.62	
5	三层门侧		2.1×2×0.1	0.42	0.42	
	小计			106.87	-2.28	

分区（3）报审工程量 109.15m²，核定工程量为 106.87m²，最终核减工程量 2.28m²。

8.3.4　东立面分区（4）工程量审核

东立面分区（4），F ～ G 轴，标高 19.5~44.7m，外墙面砖装饰工程量审核。

根据立面图可以看出，东立面分区（4）在标高 19.5~44.7m，根据六～七层平面图，我们可以看到，东立面分区（4）大致位于 F ～ G 轴之间，如图 8-3-32 所示。

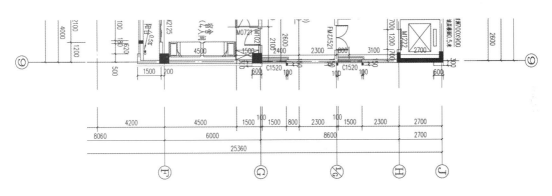

图 8-3-32　六～七层平面图——东立面分区（4）

1. 大面

F ～ G 轴，标高 19.5~44.7m，大面面积计算审核：

（1.5+0.2+6+0.1-0.6）×（44.7-19.5）=181.44m²，无误。

2. 墙侧

观察 G 轴柱面外墙面突出大面 200mm（J 轴同，图 8-3-33）。

墙侧工程量为：

[（44.7-19.5）+（1.5+0.2+6+0.1-0.6）]×0.2=6.48m²，为漏报项目，工程量核增 6.48m²。

3. 东立面分区（4）审核结论

东立面分区（4）审核结论见表 8-3-9。

图 8-3-33　东立面实物图

221

东立面分区（4）审核汇总表　　　　　　　　　　表 8-3-9

分区	位置	标高	计算式	面砖	核增（减）（m²）
（4）	Ⓕ~Ⓖ轴	19.5~44.7			
1	大面		（1.5+0.2+6+0.1-0.6）×（44.7-19.5）	181.44	0.00
2	墙侧工程量增加		[（44.7-19.5）+（1.5+0.2+6+0.1-0.6）]×0.2	6.48	6.48
	小计			187.92	6.48

分区（4）报审工程量 181.44m²，见表 8-2-1。核定工程量为 187.92m²，最终核增工程量 6.48m²。

8.3.5　东立面分区（5）审核

装饰装修工程结算审核东立面分区（5）+审核汇总

东立面分区（5），Ⓖ~Ⓙ轴，标高 19.5~61.5m，外墙装饰工程量审核。

根据立面图可以看出，东立面分区（5）在标高 19.5~61.5m，从五层以上平面图，我们都可以看到，东立面分区（5）大致位于Ⓖ~Ⓙ轴之间，如图 8-3-34 所示。

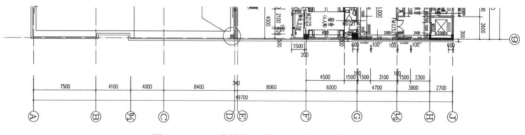

图 8-3-34　建筑施工图——东立面分区（5）

1. 大面

Ⓖ~Ⓙ轴，标高 19.5~61.5m，大面面积计算审核：

（0.5+4.7+3.9+2.7+0.1）×（61.5-19.5）=499.8m²，无误。

2. 洞口扣减

根据Ⓐ~Ⓙ轴立面图，标高 58.5~60.9m 处有洞口，洞口宽度标注为 10.7m，如图 8-3-35 所示。

但实际情况与立面图有所区别，洞口尺寸更小一些（图 8-3-36、图 8-3-37）。

洞口扣减：[10.7-（2.7-0.5+0.1）]×（60.9-58.5）=20.16m²，工程量核减 5.52m²。

3. 门窗扣减

根据平面图与门窗表，分区（5）有 C1520 共 21 个，单个面积为 3m²，C1515 共 1 个，

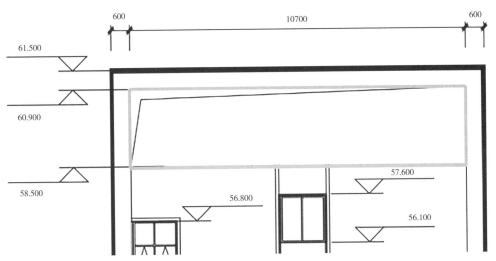

图 8-3-35　东立面图（东立面分区（5）洞口部分）

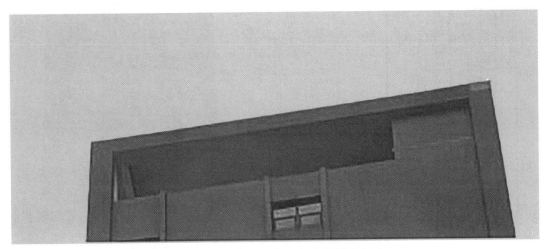

图 8-3-36　东立面分区（5）洞口实体图

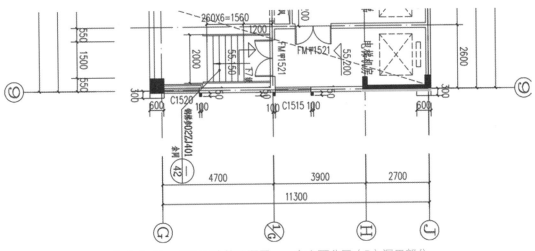

图 8-3-37　屋顶层建筑平面图——东立面分区（5）洞口部分

面积为 2.25m²，但从 Ⓐ ~ Ⓙ 轴立面图可以看出，分区（5）有面积 3.75m² 的窗户 19 个，面积 1.95m² 的窗户 2 个，面积 2.25m² 的窗户 1 个，实际工程与立面图门窗尺寸、排布一致（图 8-3-38）。由此，分区（5）按立面图门窗扣减计算。

门窗扣减：$-（1.5 \times 2.5 \times 19 + 1.5 \times 1.3 \times 2 + 1.5 \times 1.5）=-77.4m²$，工程量核减 8.25m²。

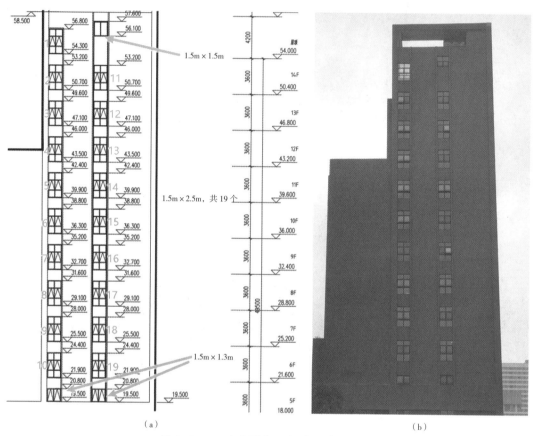

（a）　　　　　　　　　　　　　　（b）

图 8-3-38　东立面分区（5）门窗分布图

4. 墙侧

Ⓐ ~ Ⓙ 轴立面图墙侧工程量与实际情况有区别，在 Ⓐ ~ Ⓙ 轴立面图上，Ⓖ 轴处窗户右侧墙体线条只延伸至标高 56.8m 处，而实际工程中，两排窗户全部延伸至洞口下方，即标高 58.5m 处。墙体线条突出墙面的尺寸为 150mm，即 0.15m（图 8-3-39）。

墙侧工程量：$0.2 \times（60.9-19.5）\times 2 + 0.15 \times（58.5-19.5）\times 6 = 51.66m²$，工程量核增 0.51m²。

5. 窗侧

经测量，窗侧实际尺寸为 20cm，如图 8-3-40 所示。

窗侧工程量：$（2.5 \times 19 + 1.5 + 1.3 \times 2）\times（0.2-0.15）\times 2 = 5.16m²$，工程量核减 4.06m²。

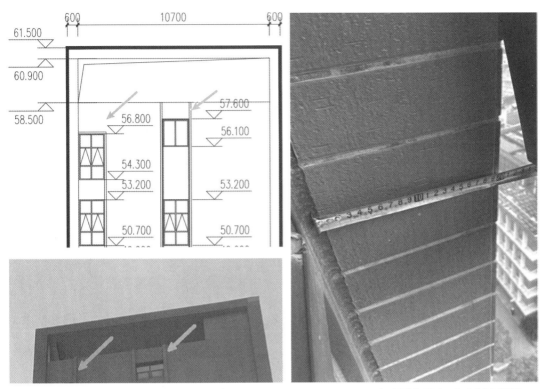

图 8-3-39　东立面分区（5）竖向线条对照图　　　图 8-3-40　东立面分区（5）窗侧实测图

6. 窗台

经测量，窗台实际宽度为 8cm，如图 8-3-41 所示。

窗台工程量：$1.5 \times 22 \times 0.08 = 2.64\text{m}^2$，工程量核减 0.96m^2。

图 8-3-41　东立面分区（5）窗台实拍图

7. 东立面分区（5）审核结论

东立面分区（5）审核结论见表 8-3-10。

东立面分区（5）审核汇总表　　　　表 8-3-10

分区	位置	标高	计算式	面砖（m²）	核增（减）（m²）
（5）	⑥~①轴	19.5~61.5m	（0.5+4.7+3.9+2.7+0.1）×（61.5-19.5）	499.80	0
	洞口扣减	58.5~60.9m	[10.7-（2.7-0.5+0.1）]×（60.9-58.5）	-20.16	5.52
	门窗扣减		-（1.5×2.5×19+1.5×1.3×2+1.5×1.5）	-77.4	-8.25
	墙侧	19.5~58.5m	0.2×（60.9-19.5）×2+0.15×（58.5-19.5）×6	51.66	0.51
	窗侧		（2.5×19+1.5+1.3×2）×（0.2-0.15）×2	5.16	-4.06
	窗台		1.5×22×0.08	2.64	-0.96
	小计			461.7	-7.24

分区（5）报审工程量 468.94m²，见表 8-2-1，核定工程量为 461.70m²，最终核减工程量 7.24m²。

8. 某学校教学实训综合楼外墙面（东立面）工程量审核汇总

某学校教学实训综合楼外墙面（东立面）工程量审核汇总见表 8-3-11。

东立面分区审核汇总表　　　　表 8-3-11

序号	分区	报审工程量（m²）	审定工程量（m²）	核增（减）（m²）	备注
1	（1）	112.69	126.36	13.67	墙面砖（中档）
2	（2）	533.21	493.33	-39.89	墙面砖（中档）
3	（3）	109.15	106.87	-2.28	墙面砖（中档）
4	（4）	181.44	187.92	6.48	墙面砖（中档）
5	（5）	468.94	461.70	-7.24	墙面砖（高档）
	小计	1405.43	1376.18	-29.26	

某学校教学实训综合楼外墙面（东立面）审定工程量为 1376.18m²，核减报送工程量 29.26m²。其中，墙面砖（中档）审定工程量为 914.48m² 墙面砖（高档）审定工程量为 461.70m²。

任务 8.4　结算金额审核

任务描述

审核施工单位报送的外墙装饰工程结算金额。

任务实施

8.4.1　工程结算价款调整方式

根据施工合同（同地下室工程）中合同价格形式约定，采用工程量清单方式单价合同，工程结算价款 =（结算工程量 × 投标综合单价 + 措施费调整）×（1+ 增值税税率 %）+ 工程变更价款 + 暂估价调整差额 + 合同约定的价格调整。结算时，工程量按实际工程量调整，材料暂估价应按确定的材料单价，进行暂估材料调差，将材料价差和价差产生的增值税税额并入工程结算价款进行调整。

8.4.2　价格调整

1. 材料调差

根据施工合同（同地下室工程）中价格调差的约定，基准价格按 2020 年 11 月份《××建设造价》发布的材料预算价格，工程用主要材料设备（主要仅指钢筋、水泥、商品混凝土、砂石、砌块、电线电缆）施工期参照《××建设造价》发布的价格 ±3% 不予调整，其他材料设备均不可调整。

若普通硅酸盐水泥（P·O）42.5 级的施工期平均预算价格为 0.49 元 /kg（不含税单价），粗净砂施工期平均预算价格为 222.94 元 /m³（不含税单价），墙面砖投标综合单价中普通硅酸盐水泥（P·O）42.5 级和粗净砂的不含税单价均同 2020 年 11 月份《××建设造价》发布的材料预算价格，则材料调差见表 8-4-1。

材料调差表　　　　　　　　　　　　　　　　　　　表 8-4-1

序号	材料名称、规格、型号	计量单位	调差工程量	不含税基期价	结算不含税单价	风险幅度范围（%）	单价涨 / 跌幅（%）	单位价差	价差合计（元）
1	普通硅酸盐水泥（P·O）42.5 级	kg	1579.725	0.51	0.49	±3	−3.92	−0.005	−7.9
2	粗净砂	m³	1.569	270.03	222.94	±3	−17.44	−38.989	−61.17
	合计	元							−69.07

227

其中，调差工程量详见表 8-4-10 人工、材料、机械汇总表中普通硅酸盐水泥（P·O）42.5 级和粗净砂数量。

单位价差：普通硅酸盐水泥（P·O）42.5 级 $=0.49-0.51×$（$1-3\%$）$=0.005$ 元 /kg

粗净砂 $=222.94-270.03×$（$1-3\%$）$=38.989$ 元 /m^3

2. 暂估价调差

根据施工合同（同地下室工程）中价格调差的约定，暂估价以发包人确定的价格调整。依据"瓷砖价格表"和"工作联系单"可知，墙面砖（高档）240mm×60mm 和墙面砖 240×60mm（中档）的含税单价都为 28.3 元 /m^2，根据表 8-1-1，墙面砖的综合税率为 12.95%，材料不含税单价 = 材料含税单价 /（1+ 税率 %），因此：

墙面砖的不含税单价 $=28.3/$（$1+12.95\%$）$=25.05$ 元 /m^2

材料暂估价调整见表 8-4-2。

材料暂估单价调整表

表 8-4-2

序号	材料名称、规格、型号	计量单位	数量		暂估（元）		确认（元）		差额 ±（元）		备注
			暂估	确认	单价	合价	单价	合价	单价	合价	
1	墙面砖 240mm×60mm（中档）	m^2	869.594	848.189	33.96	29531.41	25.055	21087.57	−8.905	−7553.12	
2	墙面砖 240mm×60mm（高档）	m^2	434.942	428.227	45.28	19694.17	25.055	10715.27	−20.225	−8660.89	
	合计					49186.76		31980.61		−16214.01	

其中，墙面砖暂估数量见表 8-1-1，确认数量详见表 8-4-10 人工、材料、机械汇总表。

3. 结算价差及价差取费

本工程材料调整和暂估价调整价差共计为 −69.07+（−16214.01）=−16283.08 元。

材料价格调整需要销项税额，根据合同可知，本项目销项税额为 9%，因此价差销项税额：

价差销项税额 $=-16283.08×9\%=-1465.48$ 元

所以，价差取费合计 $=-16283.08+$（-1465.48）$=-17748.56$ 元

4. 外墙面砖装饰工程结算审核金额

外墙面砖装饰工程结算审核金额见表 8-4-3~ 表 8-4-10。

单位工程竣工结算汇总表

工程名称：外墙面砖装饰工程　　　　　标段：

表 8-4-3

序号	工程内容	计费基础说明	费率（%）	金额（元）
一	分部分项工程费	分部分项费用合计		189106.82
1	直接费			183957.01
1.1	人工费			112605.37
1.2	材料费			69531.21
1.2.1	其中：工程设备费/其他	（详见附录 C 说明第 2 条规定计算）		
1.3	机械费			1820.43
2	管理费		1.8	3311.27
3	其他管理费	（详见附录 C 说明第 2 条规定计算）	2	
4	利润		1	1839.59
二	措施项目费			4827.91
1	单价措施项目费	单价措施项目费合计		
1.1	直接费			
1.1.1	人工费			
1.1.2	材料费			
1.1.3	机械费			
1.2	管理费		1.8	
1.3	利润		1	
2	总价措施项目费	（按 E.20 总价措施项目计价表计算）		302.57
3	绿色施工安全防护措施项目费		2.46	4525.34
3.1	其中安全生产费	（按 E.22 绿色施工安全防护措施费计价表计算）	2.46	4525.34
三	其他项目费	（按 E.23 其他项目计价汇总表计算）		1939.35
四	税前造价	一 + 二 + 三		195874.08
五	销项税额	四	9	17628.67
六	建安工程造价	四 + 五		213502.75
七	价差取费合计			−17748.56
八	工程造价（调差后）			195754.19
	单位工程建安造价	四 + 五		213502.75

分部分项工程项目清单与措施项目清单计价表

工程名称：外墙面砖装饰工程

标段：

表 8-4-4
第 1 页共 1 页

序号	项目编码	项目名称	项目特征描述	计量单位	工程量	金额（元）		
						综合单价	合价	
		整个项目					189106.82	
1	011204003001	块料墙面	（1）墙体类型：外墙 （2）安装方式：粘贴 （3）面层材料品种、规格、颜色：红色面砖（中档） （4）缝宽、嵌缝材料种类：嵌缝砂浆	m²	914.49	133.79	122349.62	
1.1	A12-101 换	240mm×60mm 面砖 水泥砂浆粘贴 面砖灰缝（mm）5		100m²	9.1449	13379.30	122352.36	
2	011204003002	块料墙面	（1）墙体类型：外墙 （2）安装方式：粘贴 （3）面层材料品种、规格、颜色：红色面砖（高档） （4）缝宽、嵌缝材料种类：嵌缝砂浆	m²	461.70	144.59	66757.20	
2.1	A12-101 换	240mm×60mm 面砖 水泥砂浆粘贴 面砖灰缝（mm）5		100m²	4.617	14458.63	66755.49	
		本页小计					189106.82	
		合计					189106.82	

综合单价分析表

表 8-4-5
第 1 页共 2 页

工程名称：外墙面砖装饰工程　　标段：

清单编码	项目名称	计量单位	数量	综合单价	合价（元）
0112040003001	外墙面砖装饰工程	m²	914.49	133.79	122352.36

消耗量标准编号	项目名称	单位	数量	人工费	材料费	机械费	合计（直接费）	管理费 1.8%	其他管理费 2%	利润 1%	合价（元）
A12-101换	240mm×60mm 面砖 水泥砂浆粘贴 面砖灰缝（mm）5	100m²	9.1449	8182.4	4700.2	132.28	13014.88	2142.38		1190.21	122352.36
	累计（元）			74250.37	42651.49	1200.36	118102.22	2142.38		1190.21	122352.36

材料费明细

材料、名称、规格、型号	单位	数量	单价	合价	暂估单价	暂估合价
石料切削锯片	片	6.869	35.4	243.17		
水	t	8.363	4.39	36.71		
其他材料费	元	1090.118	1	1090.12		
建筑胶	kg	279.834	2.5	699.59		
预拌干混抹灰砂浆 DP M2 0.0	m³	18.656	605.31	11292.66		
粗净砂	m³	1.043	270.03	281.64		
普通硅酸盐水泥（P·O）42.5级	kg	1049.58	0.51	535.29		
墙面砖 240mm×60mm（中档）	m²	848.189			33.96	28804.50
材料费合计	元		—	14179.18	—	28804.50

注：1. 本表用于编制招投标综合单价时，招标文件提供了暂估单价的材料，应按暂估的单价填入表内"暂估单价"栏及"暂估合价"栏。

2. 本表用于编制工程竣工结算时，其材料单价应按双方约定的（结算单价）填写。

3. 其他管理费的计算按附录 C 建筑安装工程费用标准规定计取。

综合单价分析表

表 8-4-6
第 2 页共 2 页

工程名称：外墙面砖装饰工程　　　　标段：

清单编码	项目名称	计量单位	工程量	综合单价	合价（元）
011204003002	240mm×60mm 面砖 水泥砂浆粘贴 面砖灰缝（mm）5 块料墙面	m²	461.70	144.59	66755.49

综合单价组成：

消耗量标准编号	项目名称	单位	数量	合计（直接费）	人工费	材料费	机械费	管理费 1.8%	其他管理费 2%	利润 1%	合价（元）
A12-101 换	240mm×60mm 面砖 水泥砂浆粘贴 面砖灰缝（mm）5	100m²	4.617	14064.81	8182.40	5750.13	132.28	1168.89		649.38	66755.49
累计（元）				64937.23	37778.14	26513.85	610.74	1168.89		649.38	66755.49

材料费明细表

材料、名称、规格、型号	单位	数量	单价	合价	暂估单价	暂估合价
石料切割锯片	片	3.463	35.4	122.59		
水	t	4.225	4.39	18.55		
其他材料费	元	550.3694	1	550.37		
建筑胶	kg	141.28	2.5	353.20		
预拌干混抹灰砂浆 DP M2 0.0	m³	9.419	605.31	5701.41		
粗净砂	m³	0.527	270.03	142.31		
普通硅酸盐水泥（P·O）42.5 级	kg	530.145	0.51	270.37		
墙面砖 240mm×60mm（高档）	m².	428.227			45.28	19390.12
材料费合计	元	—	—	7158.24	—	19390.12

注：1. 本表用于编制招投标综合单价时，招标文件提供了暂估单价的材料，应按暂估的单价填入表内"暂估单价"栏及"暂估合价"栏。
2. 本表用于编制工程竣工结算时，其材料单价应按双方约定的（结算单价）填写。
3. 其他管理费的计算按附录 C 建筑安装工程费用标准说明第 2 条规定计取。

总价措施项目清单计费表

工程名称：外墙面砖装饰工程　　　　　　　　　　　　标段：

表 8-4-7

第 1 页共 1 页

序号	项目编号	项目名称	计算基础	费率（%）	金额（元）	备注
1	011707002001	夜间施工增加费	按招标文件规定或合同约定			
2	01B001	压缩工期措施增加费（招投标）	附录 D 相关规定	0		
3	011707005001	冬雨季施工增加费	附录 D 相关规定	0.16		
4	011707007001	已完工程及设备保护费	按招标文件规定或合同约定			
5	01B002	工程定位复测费	按招标文件规定或合同约定			
6	01B003	专业工程中的有关措施项目费	按各专业工程中的相关规定及招标文件规定或合同约定			
		合计				

注：按施工方案计算的措施费，若无"计算基础"和"费率"的数值，也可只填"金额"数值，但应在备注栏说明施工方案出处或计算方法。

绿色施工安全防护措施项目费计价表（结算）

工程名称：外墙面砖装饰工程　　　　　　　　　　　　标段：

表 8-4-8

第 1 页共 1 页

序号	工程内容	计费基数	金额（元）	备注
一	按固定费率部分	直接费	4525.34	

注：1. 按工程量计算部分的管理费、利润按各专业工程取费表计取。
　　2. 安装工程取费基数按人工费，其他工程取费基数按直接费（不含其他管理费的计费基数）。

其他项目清单与计价汇总表

工程名称：外墙面砖装饰工程　　　　　　　　　　　　标段：

表 8-4-9

第 1 页共 1 页

序号	项目名称	计费基础 / 单价	费率 / 数量	金额（元）	备注
1	暂列金额				
2	暂估价				
2.1	材料暂估价			48194.62	
2.2	专业工程暂估价				
2.3	分部分项工程暂估价				
3	计日工				
4	总承包服务费				
5	优质工程增加费				
6	安全责任险、环境保护税		1	1939.35	
7	提前竣工措施增加费				
8	索赔签证				
9	其他项目费合计	1+2.2+2.3+3+4+5+6+7+8		1939.35	

注：材料暂估价计入清单项目综合单价，此处不汇总。

233

人工、材料、机械汇总表 表 8-4-10

工程名称：外墙面砖装饰工程　　　　　　　　标段：　　　　　　　　第 1 页共 1 页

序号	编码	名称（材料、机械规格型号）	单位	数量	单价（元）	合价（元）	备注
1	H00001	人工费	元	112605.371	1	112605.37	
2	03130700007	石料切割锯片	片	10.322	35.4	365.4	
3	04010100001	普通硅酸盐水泥（P·O）42.5 级	kg	1579.725	0.49	774.07	
4	04030400001	粗净砂	m^3	1.569	222.94	349.79	
5	07010100005@1	墙面砖 240mm×60mm（中档）	m^2	848.189	25.055	21251.38	
6	07010100005@2	墙面砖 240mm×60mm（高档）	m^2	428.227	25.055	10729.23	
7	14410000011	建筑胶	kg	421.114	2.5	1052.79	
8	34110100002	水	t	12.593	4.39	55.28	
9	88010500001	其他材料费	元	1640.487	1	1640.49	
10	80010200003	预拌干混抹灰砂浆 DP M2 0.0	m^3	28.075	605.31	16994.08	
11	J6-14	干混砂浆罐式搅拌机 200（L）小	台班	5.092	217.368	1106.84	
12	J7-102	岩石切割机 功率（kW）3 小	台班	15.964	44.703	713.64	
		本页小计	元			167638.36	
		合计	元			167638.36	

注：招标控制价、投标报价、竣工结算通用表。

5. 结算审核对比表

施工单位报送的结算金额与审核结算金额对比表见表 8-4-11~ 表 8-4-15。

单位工程结算审核对比表 表 8-4-11

工程名称：外墙面砖装饰工程　　　　　　　　金额单位：元　　　　　　　　第 1 页共 1 页

序号	汇总内容	送审金额（元）			审定金额（元）			增减金额
		计算基数	费率（%）	结算金额	计算基数	费率（%）	结算金额	
一	分部分项工程费	分部分项合计		193097.03	分部分项合计		189106.82	−3990.21
1	直接费	人工费+材料费+机械费		187838.57	人工费+材料费+机械费		183957.01	−3881.56
1.1	人工费	分部分项人工费		114997.91	分部分项人工费		112605.37	−2392.54
1.2	材料费	分部分项材料费+分部分项主材费+分部分项设备费+单株超过 3 万元的苗木		70981.56	分部分项材料费+分部分项主材费+分部分项设备费+单株超过 3 万元的苗木		69531.21	−1450.35
1.2.1	其中：工程设备费 / 其他	分部分项设备费+单株超过 3 万元的苗木			分部分项设备费+单株超过 3 万元的苗木			
1.3	机械费	分部分项机械费		1859.1	分部分项机械费		1820.43	−38.67

续表

序号	汇总内容	送审金额（元）			审定金额（元）			增减金额
		计算基数	费率（%）	结算金额	计算基数	费率（%）	结算金额	
2	管理费	分部分项管理费	1.8	3381.14	分部分项管理费	1.8	3311.27	-69.87
3	其他管理费	其他管理费	2		其他管理费	2		
4	利润	分部分项利润	1	1878.4	分部分项利润	1	1839.59	-38.81
二	措施项目费	单价措施项目费＋总价措施项目费＋绿色施工安全防护措施项目费		4929.78	单价措施项目费＋总价措施项目费＋绿色施工安全防护措施项目费		4827.91	-101.87
1	单价措施项目费	技术措施项目合计			技术措施项目合计			
1.1	直接费	人工费＋材料费＋机械费			人工费＋材料费＋机械费			
1.1.1	人工费	技术措施项目人工费			技术措施项目人工费			
1.1.2	材料费	技术措施项目材料费＋技术措施项目主材费＋技术措施项目设备费			技术措施项目材料费＋技术措施项目主材费＋技术措施项目设备费			
1.1.3	机械费	技术措施项目机械费			技术措施项目机械费			
1.2	管理费	技术措施项目管理费	1.8		技术措施项目管理费	1.8		
1.3	利润	技术措施项目利润	1		技术措施项目利润	1		
2	总价措施项目费	组织措施项目合计		308.96	组织措施项目合计		302.57	-6.39
3	绿色施工安全防护措施项目费	绿色施工安全防护措施费合计	2.46	4620.83	绿色施工安全防护措施费合计	2.46	4525.34	-95.49
3.1	其中安全生产费	安全生产费	2.46	4620.83	安全生产费	2.46	4525.34	-95.49
三	其他项目费	其他项目合计		1980.27	其他项目合计		1939.35	-40.92
四	税前造价	分部分项工程费＋措施项目费＋其他项目费		200007.08	分部分项工程费＋措施项目费＋其他项目费		195874.08	-4133
五	销项税额	税前造价－甲供合计	9	18000.64	税前造价－甲供合计	9	17628.67	-371.97
六	建安工程造价	税前造价＋销项税额		218007.73	税前造价＋销项税额		213502.75	-4504.98
七	价差取费合计	结算价差＋价差销项税额			结算价差＋价差销项税额		-17748.56	-17748.56
八	工程造价（调差后）	建安工程造价＋价差取费合计		218007.73	建安工程造价＋价差取费合计		195754.19	-22253.54

编制人：　　　　　　　　　　审核人：　　　　　　　　　　审定人：

工程名称：外墙面砖装饰工程

分部分项结算清单审核对比表

表 8-4-12

金额单位：元

第 1 页共 1 页

序号	项目编码	项目名称	计量单位	工程数量		综合单价	合价		增减金额	增减说明
				送审	审定		送审	审定		
1	011204003001	块料墙面 （1）墙体类型：外墙 （2）安装方式：粘贴 （3）面层材料品种、规格、颜色：红色面砖（中档） （4）缝宽、嵌缝材料种类：嵌缝砂浆	m²	936.49	914.49	133.79	125293	122349.62	-2943.38	[调量]
2	011204003002	块料墙面 （1）墙体类型：外墙 （2）安装方式：粘贴 （3）面层材料品种、规格、颜色：红色面砖（高档） （4）缝宽、嵌缝材料种类：嵌缝砂浆	m²	468.94	461.7	144.59	67804.03	66757.2	-1046.83	[调量]
		合计					193097.03	189106.82	-3990.21	

编制人：　　　　　　　　　　　　　审核人：　　　　　　　　　　　　　审定人：

表 8-4-13
第 1 页共 2 页

措施项目结算审核对比表

工程名称：外墙面砖装饰工程   金额单位：元

序号	项目名称	计量单位	送审				审定				增减金额	增减说明
			取费基数/工程量	单价/费率（%）	金额		取费基数/工程量	单价/费率（%）	金额			
	措施项目				4929.78				4827.91		-101.87	
一	总价措施费	项			308.95				302.57		-6.38	
011707002001	夜间施工增加费	项										
01B001	压缩工期措施增加费（招投标）	项	分部分项人工费+分部分项机械费+技术措施项目人工费+技术措施项目机械费	0			分部分项人工费+分部分项机械费+技术措施项目人工费+技术措施项目机械费	0				
011707005001	冬雨季施工增加费	项	分部分项合计+技术措施项目合计	0.16	308.95		分部分项合计+技术措施项目合计	0.16	302.57		-6.38	
011707007001	已完工程及设备保护费	项										
01B002	工程定位复测费	项										
01B003	专业工程中的有关措施项目费	项										
二	单价措施费	项	1				1					
三	绿色施工安全防护措施项目费				4620.83				4525.34		-95.49	
一	绿色施工安全防护措施项目费				4620.83				4525.34		-95.49	

续表

序号	项目名称	计量单位	送审				审定				增减金额	增减说明
			取费基数/工程量	单价/费率（%）	金额		取费基数/工程量	单价/费率（%）	金额			
011707001001	绿色施工安全防护措施项目费	项	分部分项直接费+技术措施项目直接费-分部分项设备费-分部分项苗木费	2.46	4620.83		分部分项直接费+技术措施项目直接费-分部分项设备费-分部分项苗木费	2.46	4525.34		−95.49	[调基数]
其中	安全生产费	项	分部分项直接费+技术措施项目直接费-分部分项设备费-分部分项苗木费	2.46	4620.83		分部分项直接费+技术措施项目直接费-分部分项设备费-分部分项苗木费	2.46	4525.34		−95.49	[调基数]
	合计				4929.78				4827.91		−101.87	

编制人：　　　　　　　审核人：　　　　　　　审定人：

表 8-4-14

其他项目结算审核对比表

工程名称：外墙面砖装饰工程　　金额单位：元

第 1 页共 1 页

序号	名称	送审金额	审定金额	增减金额	增减说明
	其他项目	1980.27	1939.35	-40.92	
1	暂列金额				
2	暂估价			-997	
2.1	材料暂估价	49191.62	48194.62		
2.2	专业工程暂估价				
2.3	分部分项工程暂估价				
3	计日工				
4	总承包服务费				
5	优质工程增加费				
6	安全责任险、环境保护税	1980.27	1939.35	-40.92	
7	提前竣工措施增加费				
8	索赔签证				
	合计	1980.27	1939.35	-40.92	

编制人：　　　　　　　　审核人：　　　　　　　　审定人：

工程议价材料审核对比表（不包含价格指数差额调整法）

表 8-4-15

工程名称：外墙面砖装饰工程

金额单位：元

第 1 页共 1 页

序号	编号	名称	单位	合同单价	送审结算				审定结算					增减金额	
					结算单价	风险系数	单位价差	价差合计	审核单价	风险系数	单位价差	价差合计	单价	合价
1	04010100001	普通硅酸盐水泥（P·O）42.5 级	kg	0.51	0.51	(-5，5)			0.49	(-3，3)	-0.005	-7.9	-0.01	-7.9
2	04030400001	粗净砂	m³	270.03	270.03	(-5，5)			222.94	(-3，3)	-38.989	-61.17	-38.99	-61.17
3	07010100005@1	墙面砖240mm×60mm（中档）	m²	33.96	33.96	(-5，5)			25.055		-8.905	-7553.12	-8.91	-7553.12
4	07010100005@2	墙面砖240mm×60mm（高档）	m²	45.28	45.28	(-5，5)			25.055		-20.225	-8660.89	-20.23	-8660.89
	材料调整小计											-16283.08		-16283.08
	价差合计											-16283.08		-16283.08

编制人：

审核人：

审定人：

参考文献

[1] 中华人民共和国住房和城乡建设部.建设工程工程量清单计价规范:GB 50500—2013[S].北京:中国计划出版社,2013.

[2] 中华人民共和国住房和城乡建设部.房屋建筑与装饰工程工程量计算规范:GB 50854—2013[S].北京:中国计划出版社,2013.

[3] 中华人民共和国住房和城乡建设部.建筑工程建筑面积计算规范:GB/T 50353—2013[S].北京:中国计划出版社,2013.

[4] 湖南省建设工程造价管理总站.湖南省2020年房屋建筑与装饰工程消耗量标准[M].北京:中国建材工业出版社,2020.

[5] 湖南省建设工程造价管理总站.湖南省建设工程计价办法(2020版)[M].北京:中国建材工业出版社,2020.

[6] 中国建筑标准设计研究院.混凝土结构施工图平面整体表示方法制图规则和构造详图(现浇混凝土框架、剪力墙、梁、板):22G101—1[S].北京:中国计划出版社,2022.

[7] 中国建筑标准设计研究院.混凝土结构施工图平面整体表示方法制图规则和构造详图(现浇混凝土板式楼梯):22G101—2[S].北京:中国计划出版社,2022.

[8] 中国建筑标准设计研究院.混凝土结构施工图平面整体表示方法制图规则和构造详图(独立基础、条形基础、筏形基础、桩基础):22G101—3[S].北京:中国计划出版社,2022.

[9] 广联达课程编委会.广联达土建算量精通宝典(土建篇)[M].北京:中国建筑工业出版社,2020.

[10] 广联达课程编委会.广联达土建算量精通宝典(案例篇)[M].北京:中国建筑工业出版社,2020.

[11] 李红波.工程项目利润创造和造价风险控制 – 全过程项目创效典型案例实务[M].重庆:重庆大学出版社,2021.